三个数学难题新解

谷春安　著

U0352130

华南理工大学出版社
SOUTH CHINA UNIVERSITY OF TECHNOLOGY PRESS

·广州·

图书在版编目（CIP）数据

三个数学难题新解/谷春安著. —广州：华南理工大学出版社，2017.8

ISBN 978-7-5623-5368-3

Ⅰ.①三… Ⅱ.①谷… Ⅲ.①哥德巴赫猜想–研究 Ⅳ.①O156.2

中国版本图书馆CIP数据核字（2017）第217715号

三个数学难题新解

谷春安 著

出 版 人：**卢家明**

出版发行：华南理工大学出版社

（广州五山华南理工大学17号楼，邮编510640）

http：//www.scutpress.com.cn E-mail：scutc13@scut.edu.cn

营销部电话：020-87113487 87111048（传真）

责任编辑：**吴兆强**

印 刷 者：虎彩印艺股份有限公司

开 本：787mm×1092mm 1/16 印张：7.25 字数：119千

版 次：2017年8月第1版 2017年8月第1次印刷

定 价：30.00元

前言

　　本书研究的是这样三个数学问题：奇合数是怎样的数？如何精准地获取完全数？可不可以用直接的方式求证哥德巴赫猜想？书中，三个数学问题放在第二部分。

　　探索之初分别观察、比较、分析以上三个数学问题的多个实例后，笔者发现这些问题都与自然数的分类及其奇数的数性密切相关，于是构建并提出"终端数字和"与"自然数按照个位上的数字分为10类数"的思想方法，并把"终端数字和"作为第一部分。

　　由"数字和"这个概念引申而来的"终端数字和"，它既是自然数的一个属性，又是认识自然数的思想方法。在这一章里，着重阐述了自然数的终端数字和概念、计算方法、性质、意义以及四则运算法则等内容。

　　第二部分第一章为"奇合数的新认识"，它包括"自然数按照个位上的数字分为10类数"的方法、奇合数分别是由相应的两个奇数相乘得到的缘由、奇合数等差数列的性质、奇质数的性质、奇合数的另类判别方法等内容。

　　第二章"获取完全数的新方法"里，先是通过实例分析，得出"$C = 2^n \cdot (2^{n+1} - 1)$（$n$是≥2的偶数），如果（$2^{n+1} - 1$）是一个质数，那么$2^n \cdot (2^{n+1} - 1)$算出的数一定是完全数"的假设。接着，由小到大依次计算出若干组2^n、（$2^{n+1} - 1$）、C值，进而发现完全数的规律性并找到获取完全数的精准方法。

　　第三章是"求证哥德巴赫猜想的新方式"，该章包括偶数表示为不同数族相应两个奇数和的方式、结构分析及其用"●"代替奇数加式得到的所有千重等腰直角三角形里任何等腰直角三角形的垂边性质，和用反证法求证哥德巴赫猜想的过程等内容。

2017年8月

序一

判别奇合数，除看被判别数是不是含有某些质数的做法外，还有没有别的方式？对完全数的认识能否更深一层，探寻完全数的方法可否再精准有效？哥德巴赫猜想是一个应该肯定还是应该推翻的命题？这些，就是书名所指的三个数学难题。

笔者退休以后，用满满十年时间专心研究了这三个数学难题。

探索期间，笔者曾多次将较为成熟的思考撰写成文。于2016年第3期的《博览群书》刊发了《关于完全数的几个结论》一文。该文提出6除外的完全数，它们的终端数字和都是"1"，以及只有6，8氏数族里才有完全数的新论断；给出了"如果（$2^{3+4m}-1$）（$m \geq 0$）是质数，那么$2^{2+4m} \cdot$（$2^{3+4m}-1$）算出的数一定是一个完全数；如果（$2^{5+4m}-1$）是质数，那么$2^{4+4m} \cdot$（$2^{5+4m}-1$）算出的数一定是一个完全数"的两个获取完全数的精准计算公式，并期待人们根据完全数的这些特征、计算公式寻觅出新的完全数。或许是读过该文的却没有熟练的计算机技术，精通计算机技术的却未能见过此文的巧合，至今尚未有新的完全数问世。

2016年底，笔者初步写就了《哥德巴赫猜想可以这样求解》，此文先将0，2，4，6，8氏数族的200以内的偶数分别一个个地表示为不同数族相应两个奇数和；接着用"●"表示每一个奇数加式，并勾勒出它们所构成的图形——千重等腰直角三角形；然后，根据等腰直角三角形是轴对称图形的性质，用直接方式证明任何等腰直角三角形的底边上一定至少有一个C类"●"（质数+质数加式），即大于2的所有偶数都可以表示为两个质数的和。

几经打磨之后，2017年1月《哥德巴赫猜想可以这样求解》一文发出去了。这次和之前的几篇阶段性研究文稿一样，编辑们总是以篇幅太长为由婉拒。一些机构，则始终沉默不语。太忙，无暇顾及？山寨货，半成品？见所未见，不敢担当？谋事在人，成事在天。乞求？强要？大可不必。任其自然，随遇而安吧！

读过这些论文的友人们说，将这些论文结集，不就成事了吗！还说：倘若将论文之外的东西也写进书里，则更能启示后来人。自己也觉得：书，能承载曾经的岁月，曾经的认知，曾经的艰辛，曾经的愉悦；书，能守望今后的探索，今后的快乐。这些冲动，成就了这样一本书。

三个数学难题的探索过程，都是曲折的。

研究哥德巴赫猜想时，和众多探索者一样，笔者首先想到的是将大于2的偶数N表示为P_1、P_2两个质数的和，即$N= P_1+P_2$的方式。分析$N= P_1+P_2$，可知P_1，P_2必须分别是一类质数，而2除外的质数都是奇数。据此，得出要找到能够概括一类奇质数的P_1，P_2就必须从源头上弄清奇合数是怎样得来的。

于是，先将自然数按照个位上的数字分为10类。接着，探索个位上数字为1，3，7，9的奇合数分别是由怎样的两个数相乘得到的。

接下来，由1氏数族非3奇合数生成式计算出1氏数族12 260以内的所有非3奇合数，筛选出359个质数；由3氏数族非3奇合数生成式计算出9 820以内的所有非3奇合数，筛选出287个质数；由7氏数族非3奇合数生成式计算出12 250以内的所有非3奇合数，筛选出370个质数；由9氏数族非3奇合数生成式计算出12 250以内的所有非3奇合数，筛选出362个质数。

然后，按照数族反复分析、比较质数间的数量关系，发现1，3，7，9氏数族各自的300来个质数都不能用3、5个代数式表示之。这就是说，企盼用$N=P_1+P_2$求证哥德巴赫猜想的路径是走不通的，必须另辟蹊径。

反复思考、苦苦寻路的日子里，心想能不能从偶数自身的特点去认识、找规律呢？于是按照数族大量地演算偶数表示为两个质数积的式子，发现有的偶数只能表示为2与另一个质数的积，如26=2×13，34=2×17，46=2×23，

$38=2 \times 19$，这类偶数称之为二质偶数。显然这类偶数是能够根据乘法的意义证明其可以表示为两个质数和的。

然而，更多的偶数表示为质数积的式子，则有3个以上的质数，如$12=2 \times 2 \times 3$，$54=2 \times 3 \times 3 \times 3$，$56=2 \times 2 \times 2 \times 7$，$30=2 \times 3 \times 5$，$48=2 \times 2 \times 2 \times 2 \times 3$，这类偶数叫作多质偶数。再进一步探索，发现多质偶数是不能转化为二质偶数的，因而第二条思路又被堵住了。

思考到数字和是自然数的共性，深入研究数字和后，提出了自然数终端数字和的思想方法。

偶数表示为两个质数和，会不会与自然数终端数字和相关呢？

于是，大量地计算出自然数的终端数字和，发现0，1，2，3，4，5，6，7，8，9氏数族的偶数都可以按照终端数字和分为9类，并归纳出偶数表示为两个质数和的终端数字和法则。

比如终端数字和为2的偶数可以表示为$2\dot{=}1+1\dot{=}2+9\dot{=}3+8\dot{=}4+7\dot{=}5+6$，显然，在这些式子里，$2\dot{=}2+9\dot{=}3+8\dot{=}5+6$可以排除，因为它们含有一个3，6，9的奇数，剩下$2\dot{=}1+1\dot{=}4+7$两个有效式子。然而，终端数字和具有高度的概括性，终端数字和为1，4，7的奇数分别既有质数又有合数，且满足这些条件的奇数有无数个，因而这条路也是走不通的。

似乎穷尽路子时，又一次返回到第一条思路的检索上来，企盼能有新的发现。尔后，则是穷思苦想。2014年9月的一天，"偶数表示为两个质数和是不是偶数表示为两个奇数和的一个特例"的问题浮上脑海。于是，一纸接一纸地演算着0氏数族10至470各数分别表示为5氏数族相应两个奇数和、3氏与7氏数族相应两个奇数和的式子；演算着2氏数族12至342各数分别表示为1氏数族相应两个奇数和、3氏与9氏数族相应两个奇数和的式子；演算着4氏数族14至384各数分别表示为7氏数族相应两个奇数和、1氏与3氏数族相应两个奇数和的式子；演算着6氏数族16至476各数分别表示为3氏数族相应两个奇数和、7氏与9氏数族相应两个奇数和的式子；演算着8氏数族18至308各数分别表示为9氏数族相应两个奇数和、7氏与1氏数族相应两个奇数和的式子。

接下来，仔细观察这些式子，发现0氏数族的偶数表示为5氏数族相应两个奇数和的所有加式里，只有$10=5+5$，即只有10才能表示为"质数+质数"。还看到2氏数族的32，152表示为1氏数族相应两个奇数和的式子里也没有"质数+质数"的式子。而大于12，4，16，8的0，2，4，6，8氏数族的偶数，分别表示为3氏与7氏、3氏与9氏、3氏与1氏、7氏与9氏、7氏与1氏数族相应两个奇数和的式子里至少都有一个"质数+质数"的式子。

面对那一个个偶数都能够表示为不同数族相应两个质数的和的例子，大有呼之欲出的感慨。然而，想要找到这样一个证明等式，却不知该从何处下手。

一些时日之后，心想：如果能够证明12，4，16，8除外的偶数表示为不同数族相应两个奇数和的加式组合体里一定至少有一个"质数+质数"的加式组合，则就证明了哥德巴赫猜想。或采用排除法证明偶数表示为两个奇数的加式组合体里一定没有纯"合数+合数"、纯"合数+质数"的加式组合，这也就证明了哥德巴赫猜想。

于是，先尝试着用排除法去证明。然而，经过翻来覆去的思考、演算，却始终未能证明0，2，4，6，8氏数族偶数分别表示为不同数族相应两个奇数和的式子里，一定没有纯"合数+质数"类加式组合体。此时，已是2015年的2月。

又一些时日后，分别观察0，2，4，6，8氏数族偶数表示为不同数族相应两个奇数和的式子的结构形状，发现它们分别酷似一个等腰直角三角形。于是，用"●"表示一个奇数加式的做法，将0，2，4，6，8氏数族偶数表示为不同数族相应两个奇数和的式子分别勾勒出来，得到5个点子图。再将5个点子图左起第一条垂线上的"●"、上起第一条斜线上的"●"以及每条水平线上的"●"分别顺次连接起来，把"质数+质数"的加式称为C类"●"，把这样得到的图形分别叫作0、2、4、6、8氏千重等腰直角三角形。

反复地、深沉地阅数聆图之后，要证明哥德巴赫猜想是成立的，就是要分别证明0，2，4，6，8氏千重等腰直角三角形的底边至少有一个C类"●"的念想浮现脑海。怎样去求证呢？

当发现千重等腰直角三角形中的平行四边形是自上而下一一衔接的，而且"质数+质数"加式也是不间断地自上而下延续开来的，心想这些C类"●"是不是具有传导性？然而，图上看到的千重等腰直角三角形只是冰山一角，尚未显现部分的平行四边形将是怎样的情形却不得而知，说明这样的推导是无效的。

2016年2月份以后，笔者潜心于千重等腰直角三角形的垂边与底边C类

"●"关系的研究，直至得出每个直角三角形的底边至少有一个C类"●"的证明为止，又足足用了10个月。

同样地，期盼找到一种较为简便的判别奇合数的方法的探索，也不是容易的事情。

以上三个数学难题，不少国家的数学家、数学爱好者竞相研究过或正在研究着。可以说，这些问题是一个世界性的难题。谁找到了答案，谁攻克了它，谁就有话语权。不抢先解决它，就只能成为感叹者、遗憾者。像这样关乎国家荣誉的事，我们每个人都不要指望着别人先上，自己要挺身而出。

2016年春节期间，在电话里与一位数学家说起自己探索哥德巴赫猜想之事，这位好心的数学家当即快言快语地说：哥德巴赫猜想这个课题很大，人的智慧力是有限的，趁早放弃，别影响生活质量。此番话，足见求证哥德巴赫猜想之难。

完全数、哥德巴赫猜想这些厚重的数学难题，其实就是一个数学方面的困难。什么是困难？困难就是因为"困"而难。哥德巴赫猜想久久未决，是因为探索者有"困"。因而我坚信，若能全面、深入地认识哥德巴赫猜想，这个问题就一定能够解决。

这样认识困难，才能迎难而上，才能一步步地沿着识"困"解"难"的路径勇往直前。

这里讲的认识，指的就是数学认识。所谓数学认识，是对数学现象、数学事物的感悟；是关于数学事物间内在关系的理解。数学认识是有序、逐步、刻骨铭心的；遇到想不通、道不明的问题时，务必回到认识上来；认识、认识，直到不"困"，这是获取数学知识、解决数学问题的必经之路。

三个数学难题的探索都不是轻松的，其过程漫长而又艰辛。

——那一排排质数，难觅其数韵与共性；那一串串奇合数，不能用以一概全的式子表达；那连绵不断的自然数，望不到尽头。

——那一张张纸的演算，浸透着汗水；那一本本尝试方略，镌刻着年轮；那一叠叠稿纸，印记了迷惑中探索、探索中迷惑的曲曲折折、反反复复的路径；那一次次的推倒重来，经年累月的坎坷……

然而，一列自然数的灵性，一个式子的不同寻常，一个数学现象的显露，一个数学名词的取名，一个微不足道的发现，一个新的数学体系，一个数学词条里没有的规律……都能给人以快感与欣慰。真可谓：探索——是生活，是诗，是远方。

对于自己想做的事要耐得住寂寞、耐得住艰辛、耐得住冷嘲热讽，要有锲而不舍、百折不挠、持之以恒的意志。在三个数学难题的探索过程中，我夜以继日地演算、观察、分析、比较、归纳相关知识；不分寒暑地思考着、探索着。面对整版累篇的式子，枯燥无味的数字，推倒重来的艰辛，不知者的冷言冷语，始终不低迷，不消沉，不放弃——人生能有几回搏！

创新，是不可或缺的数学思维。数学创新，就是构建新的数学知识体系和新的数学思想方法。在求证哥德巴赫猜想的过程中，如果没有自然数分为10类之方法和数族短数列观念的建构，就很难发现求证哥德巴赫猜想的核心知识——数族短数列的基本性质；如果没有千重等腰直角三角形的搭建，就不能实现数学问题的转化，就不能最终得到人们追逐200多年却未获取的那个等式。

想问题，做学问，都必须遵循由一般到特殊的认知规律。之所以能够用直接方式找到一个等量关系，就是因为有了偶数表示为两个奇数和的探索才有了偶数的序数值等于相应"●"个数的等式，才能从一般性的演绎中找到垂边与底边C类"●"的同一关系。

270多年来，受"直接证明哥德巴赫猜想不行"的影响，人们纷纷绕着弯子去求证哥德巴赫猜想，将直接证明方式丢到九霄云外。不唯书，不唯上，走自己的路，坚持用直接方式证明哥德巴赫猜想乃笔者初心。要感谢那些先人们，他们的一句话把直接证明哥德巴赫猜想的机遇留存至今。值得互勉的是：对数学知识、数学问题、数学思想方法不要过早地下结论，以免束缚人们的思维。

数学中的一个定义，有万千世界；一个定理、公式，能包罗万象；一个方寸的千重等腰直角三角形，能表达无穷偶数都可以表示为两个质数和的大意境；一句"大于2的所有偶数都可以表示为两个质数和"的短语，却蕴含着一个厚重的数学问题。人们的居家日子、生活方式、人生符号要力求像数学那样可简可约。

将三个数学问题的新解析做到现在的份上，是坚守之使然，是循律之使然，是创新之使然。

这本薄薄的书，有十年的艰辛，五十年的积淀，还是拓荒者。它丰厚深远，弥足珍贵！

自然数分为10类数的理念，终端数字和思想方法，奇合数的判断方式，探寻完全数、求证哥德巴赫猜想的做法等都是全新的。其中的疏漏、不妥、谬误之处恳请读者指正。

谷春安

2017年5月于广州

序二

读完《三个数学难题新解》这本书，你会深深地被感动，会为作者点赞。

公元前6世纪的毕达哥斯拉是最早研究完全数的人，他已经知道6和28是完全数。完全数诞生以后，众多数学家与业余爱好者像淘金一样去寻找。时至今日，人们只发现48个完全数。

哥德巴赫猜想至今已有270多年，尽管许许多多的数学家为解决这个猜想付出了艰辛的劳动，但它依然是个既没有得到正面证明也没有被推翻的命题。

对于这两个数学难题以及试图以新的视角认识奇合数的困难程度，作为数学教师的作者不会不知道吧！

一旦涉及这些数学难题，就势必从源头思考：奇合数是怎样来的？还有何属性？完全数是怎样形成的，它们具有怎样的特质？偶数是如何表示为两个质数和的？这样，必然会有大堆的演算，必然会有续篇累版的数据和式子观察、比较、分析、整理，必然会有没完没了的推倒重来。

对于这样的"大工程"，作为数学教师的作者不会想不到吧！

退休后的人们，有的做第二职业，但一般都会选择轻松自在的退休生活。

然而，退休后的作者却担起以极具难度的三个数学问题作为课题的研究任务，过着退而不休的生活。他的这种忘我精神和不畏惧困难的品行定会感动你我他，这是其一。

其二，《三个数学难题新解》这本书，充满着创新。

要进一步认识奇合数，就必须将其置于某个新知识体系中去。于是提出了将自然数按照个位上的数字分为10类的新方法。在这样的方法下，可以分门别类地去研究奇合数，可以将奇合数的研究落实到1、3、7、9氏数族的研究上，可以分别从它们的由来、性质、判别方法上去展开研究。自然数分为10类数的做法，还为探索完全数、哥德巴赫猜想做好了准备。

创立了认识自然数的另一个思想方法——终端数字和。用终端数字和观念可以丰富自然数的分类方法，可以深化对完全数的认识，可以帮助人们认识到完全数的终端数字和都是"1"的成因。

对数族短数列概念的创新，于是就有了"所有1氏数族短数列都有1个或1个以上的质数，所有3氏数族短数列都有2个或2个以上的质数，所有7氏数族短数列都有2个或2个以上的质数，所有9氏数族短数列都有1个或者1个以上的质数"的数族短数列基本性质的重要发现。有了这些基本性质，才能得出0、2、4、6、8氏千重等腰直角三角形的垂边性质，才能实现求证哥德巴赫猜想的目标。

由于"偶数表示为两个质数和，是偶数表示为两个奇数和的一种特例"思想的确立，于是就有了0、2、4、6、8氏数族偶数分别表示为不同数族相应两个奇数和的大量演算与探索，就有了偶数与相应奇数加式间数量关系的构建。

分别将0、2、4、6、8氏数族偶数从小到大依次表示为不同数族相应两个奇数和的每个奇数加式都用"●"表示的构图——千重等腰直角三角形——勾勒出来的做法，又是一个重要创新，它为沟通任意等腰直角三角形的垂边与底边相对应C类"●"的等价关系铺平了道路。

其三，三个难题硕硕成果。《三个数学难题新解》一书阐述的内容，其实就是"奇合数的新认识""获取完全数的新方法""求证哥德巴赫猜想的新方式"三个课题的成果展示。

在"奇合数是怎样生成的"问题导引下，作者分析归纳出来的"奇合数生成数表"里，一个个奇合数等差数列跃然纸上，于是就有了所有奇合数都在一定的奇合数等差数列里；能由奇合数生成式计算出来的奇数都是表内数，不能计算出来的数都是表外数；所有的表内数都是合数，所有的表外数都是质数的推论。这样人们对奇合数的认识就深了一层，判别奇合数的方法就多了一些。

只有6、8氏数族里才有完全数；6除外的所有完全数的终端数字和一定是1；如果（$2^{3+4m}-1$）是一个质数，那么$2^{2+4m}\cdot(2^{3+4m}-1)$算出的数一定是完全数，如果（$2^{5+4m}-1$）是一个质数，那么$2^{4+4m}\cdot(2^{5+4m}-1)$算出的数一定是完全数等结论都是由$2^{n}\cdot(2^{n+1}-1)$求得的数经过分析、比较后得出的，因而是科学的、可信服的。此处如果能够进一步得出（$2^{3+20m}-1$）、（$2^{5+20m}-1$）为质数时m值的规律，那就更加完美了。

哥德巴赫猜想属于规律性知识，它不是概念、法则这些人为"规定"的数学知识，而是某种知识体系建立后所表现出来的一种自然属性，是知识内部结构、关系的本质体现。在这样的认识下，该书将哥德巴赫猜想建立在0、2、4、6、8氏数族偶数分别表示为不同数族相应两个奇数和的5种奇数加式体系上，继而将其转化为相应的千重等腰直角三角形，使其属性蕴含其中。

具体求证"大于2的所有偶数，都可以表示为两个质数的和"的命题的求证过程是分五步进行的：第一步，建立起0氏数族偶数表示为3氏与7氏、2氏数族偶数表示为3氏与9氏、4氏数族偶数表示为3氏与1氏、6氏数族偶数表示为7氏与9氏、8氏数族偶数表示为7氏与1氏数族相应两个奇数和的架构。第二步，分析并得到0、2、4、6、8氏数族偶数分别表示为相应数族两个奇数和的奇数加式的前置奇数、后置奇数连线的性质。第三步，用"●"代替奇数加式，将0、2、4、6、8氏数族偶数表示为相应数族两个奇数和的奇数加式分别描绘成一种图形，并证明这样的图形都是等腰直角三角形。第四步，由1、3、7、9氏数族短数列的基本性质推导出0、2、4、6、8氏千重等腰直角三角形的任意垂边上（又在质数斜线上）一定有2个或2个以上（包括1个或1个以上）C类"●"的性质。第五步，根据等腰直角三角形的对称性，用反证法分别证明0、2、4、6、8氏千重等腰直角三角形里任何等腰直角三角形的底边一定至少有一个C类"●"。在这样的过程中，相关推导都是有根有据的，因而该书证明的哥德巴赫猜想的方式是科学的。诚然，也有欠完备的地方，尽管它不影响大势。

自然数按照个位上的数字分为10类数的做法以及终端数字和观念，有利于人们从多角度、全方位地认识相关数学知识，很有意义，可以考虑将它们编入中小学数学教材。因为个人的智慧是有限的，故建议相关部门组织力量，对数族短数列概念及其基本性质、奇合数的新认识、获取完全数的新方法、用直接方式求证哥德巴赫猜想的新方式等成果做进一步研究，使之更具科学性、规范性，并适时向外推介。

　　该书行文平直、舒展，易读易懂。但由于书中有不少闻所未闻、见所未见的数学新事物、新方法，你不妨多读两遍。

春草

2017年7月

目录

第三章　求证哥德巴赫猜想的新方式

第一部分　终端数字和

终端数字和既是一个全新的数学概念，又是一种数学思想方法。

终端数字和与数字和有没有联系，又是怎样区别的？它是如何计算出来的？它的含义、特点、属性是怎样的？有何作用？这些内容，就是本章节将要阐述的。

第一节 终端数字和的认识

对于数字和，人们并不陌生，它指的是一个数各数位上的数字相加后的和。直接求得的数字和称为初始数字和，如"24"的数字和是2+4=6，"357"的数字和是3+5+7=15。小学阶段讲的都是整数的数字和，其实小数也有数字和，比如"34.92"这个数，它的数字和是3+4+9+2=18。

所谓终端数字和，是指大于9的初始数字和被继续计算数字和而得到的数，即一个数的终了、末端数字和。初始数字和不大于9的可以视为终端数字和。

根据终端数字和的含义，对整、小数终端数字和计算法则作如下约定：

求一个数的终端数字和，先求出它的初始数字和；如果得到的和大于9，则再求这个"和"的数字和；如果还大于9，继续求"和"的数字和，直至其数字和不大于9为止。

我们用"$\dot{=}$"表示求终端数字和，例如求"346"的终端数字和：$346\dot{=}3+4+6\dot{=}13\dot{=}1+3\dot{=}4$；又如643.87的终端数字和计算：$643.87\dot{=}6+4+3+8+7\dot{=}28\dot{=}2+8\dot{=}10\dot{=}1+0\dot{=}1$。很显然，数字和与终端数字和都是关于整、小数属性的数学概念，终端数字和是以数字和为基础的，数字和是关于整数属性的具体、直接描述，而终端数字和则是对整、小数的概括性表述。

由终端数字和计算法则，能够得出：0除外的所有自然数的终端数字和只有1，2，3，4，5，6，7，8，9等9类数，任意自然数的终端数字和只能是这9个类别中的一类。

第二节 终端数字和的性质

观察、分析用终端数字和刻画的一列列自然数（0除外），能够发现终端数字和有如下一些性质：

（1）终端数字和是所有自然数（0除外）的一种共性，它的大小与自然数的大小无关。

例如，31，103，2137，8419这四个数的大小不等，但它们的终端数字和却都是4。

（2）一个自然数的末尾、中间添上或去掉若干个零，它的终端数字和不变。

例如，47添上零变为470，40070，其终端数字和依然不变。

（3）一个多位数交换各数位上数字的位置，它的终端数字和不变。

例如，563交换数位上数字后的536，653，356，365等数的终端数字和与563的终端数字和一样大。

（4）任意终端数字和的自然数增加或减少90n（$n \geq 1$）倍，这个自然数的终端数字和不变，所属数族也不变。

例如，47的终端数字和为2，47分别增加90，540，1170后，137，587，1217的终端数字和都是2。

（5）任意终端数字和的自然数与终端数字和为9的自然数相乘，积的终端数字和一定等于9。

例如，5分别与9，36，180相乘的积45，180，900的终端数字和分别都是9。

（6）个位数字相同的一列连续自然数（0除外），分别是依照一定的终端数字和顺序而循环渐进的。请看下面用终端数字和描绘的不同类别的自然数数谱（括号里的数表示终端数字和）：

(1)	(2)	(3)	(4)	(5)	(6)	(7)	(8)	(9)
1	11	21	31	41	51	61	71	81
91	101	111	121	131	141	151	161	171
…								

(2)	(3)	(4)	(5)	(6)	(7)	(8)	(9)	(1)
2	12	22	32	42	52	62	72	82
92	102	112	122	132	142	152	162	172
…								

(3)	(4)	(5)	(6)	(7)	(8)	(9)	(1)	(2)
3	13	23	33	43	53	63	73	83
93	103	113	123	133	143	153	163	173
…								

(4)	(5)	(6)	(7)	(8)	(9)	(1)	(2)	(3)
4	14	24	34	44	54	64	74	84
94	104	114	124	134	144	154	164	174
…								

(5)	(6)	(7)	(8)	(9)	(1)	(2)	(3)	(4)
5	15	25	35	45	55	65	75	85
95	105	115	125	135	145	155	165	175
…								

(6)	(7)	(8)	(9)	(1)	(2)	(3)	(4)	(5)
6	16	26	36	46	56	66	76	86
96	106	116	126	136	146	156	166	176
…								

(7)	(8)	(9)	(1)	(2)	(3)	(4)	(5)	(6)
7	17	27	37	47	57	67	77	87
97	107	117	127	137	147	157	167	177
…								

(8)	(9)	(1)	(2)	(3)	(4)	(5)	(6)	(7)
8	18	28	38	48	58	68	78	88
98	108	118	128	138	148	158	168	178
…								

(9)	(1)	(2)	(3)	(4)	(5)	(6)	(7)	(8)
9	19	29	39	49	59	69	79	89
99	109	119	129	139	149	159	169	179
…								

(1)	(2)	(3)	(4)	(5)	(6)	(7)	(8)	(9)
10	20	30	40	50	60	70	80	90
100	110	120	130	140	150	160	170	180
…								

如果将以上的自然数数列扩展开来，能更清晰地显示出它们总是以每9个

数为一个轮回而螺旋上升的规律，这样的轮回规律称为周期性。周期性是自然数的一个显著特征。

（7）终端数字和能够将整、小数分别概括成终端数字和为1，2，3，4，5，6，7，8，9的9类数，如1，91，181，271，361，451，541，631，…等都是终端数字和为1的数。终端数字和可以把某类特定数概括起来，如终端数字和是7的质数61，151，241，331，421，…

（8）终端数字和为"9"的自然数，一定可以被9整除；1，2，3，4，5，6，7，8等8个数除外的终端数字和为1，2，3，4，5，6，7，8的自然数都不能被9整除，其余数依次是1，2，3，4，5，6，7，8。

第三节　终端数字和的运算法则

（1）两个数相加，和的终端数字和等于两个加数终端数字和的和。如7+56=63中，7，56，63的终端数字和分别是7，2，9，而$7+2\dot=9$。又如3.4+0.7=4.1中，3.4，0.7，4.1的终端数字和分别是7，7，5，和的终端数字和是：$7+7\dot=14\dot=1+4\dot=5$。

（2）两个数相减，差的终端数字和等于被减数、减数终端数字和的差。如917-183=734中，917，183，734的终端数字和分别是8，3，5，而$8-3\dot=5$。又如11.6－2.1=9.5中，11.6，2.1，9.5的终端数字和分别是8，3，5，差的终端数字和是：$8-3\dot=5$。不够减时，要将被减数增加若干个9。

（3）两个数相乘，积的终端数字和等于两个因数终端数字和的积。如17×19=323中，17、19、323的终端数字和分别是8，1，8，而$8×1\dot=8$。又如5.4×2.5=13.5中，5.4，2.5，13.5的终端数字和分别是9，7，9，求积的终端数字和是：$9×7\dot=63\dot=6+3\dot=9$。

（4）两个数相除，商的终端数字和等于被除数、除数终端数字和的商。如1 159÷61=19中，1 159、61、19的终端数字和分别是7，7，1，而$7÷7\dot=1$。又如3.6÷0.2=18中，3.6，0.2，18的终端数字和分别是9，2，9，求商的终端数字和：$9÷2\dot=18÷2\dot=9$。不能整除时，要将被除数增加若干个9，使之能整除。

（5）终端数字和的分解与组合。任何终端数字和都可以分解为两个终端数字和是，任意两个终端数字和都可以组合成一个终端数字和，具体是：

1≐1+9≐2+8≐3+7≐4+6≐5+5　　2≐1+1≐2+9≐3+8≐4+7≐5+6

3≐1+2≐3+9≐4+8≐5+7≐6+6　　4≐1+3≐2+2≐4+9≐5+8≐6+7

5≐1+4≐2+3≐5+9≐6+8≐7+7　　6≐1+5≐2+4≐3+3≐6+9≐7+8

7≐1+6≐2+5≐3+4≐7+9≐8+8　　8≐1+7≐2+6≐3+5≐4+4≐8+9

9≐1+8≐2+7≐3+6≐4+5≐9+9

（6）终端数字和的乘法运算法则：

1≐4×7≐5×2≐7×4≐8×8≐1×1≐2×5

2≐4×5≐5×4≐7×8≐8×7≐1×2≐2×1

4≐4×1≐5×8≐7×7≐8×5≐1×4≐2×2

5≐4×8≐5×1≐7×2≐8×4≐1×5≐2×7

7≐4×4≐5×5≐7×1≐8×2≐1×7≐2×8

8≐4×2≐5×7≐7×5≐8×1≐1×8≐2×4

第四节　用终端数字和检验四则运算结果

检验整、小数四则运算是否正确，一般是采用相关运算的逆运算再行解题的做法。如检验367×185＝67895一题，这样验算：67895÷367＝185，如此计算、比对后认定解题正确。其实，整、小数四则运算的本质就是终端数字和的四则运算。如果用终端数字和运算替代逆运算解题，就会使检验过程变得较为简便。如上题用终端数字和运算检验：367，185，67895三个数的终端数字和分别是7，5，8，则7×5≐35≐3+5≐8，说明原题解答可能正确。

解答某些较大数目的整数四则运算题后，可以用相应的终端数字和计算方法检验出错解问题，例如计算889×5768＝5127742后，可即时用889的终端数字和"7"与5768的终端数字和"8"相乘，即7×8≐56，再5+6≐11，再1+1≐2，这就是说889×5768的积的终端数字和应该是2，而5127742的终端数字和却是"1"，则说明889×5768＝5127742是错误的，于是当即去改正。

又如913÷11＝83一题，用终端数字和计算法检验：4÷2≐2，可认定答案是对的。当被除数、除数的终端数字和不能整除时，则可用其逆运算检验，如553÷7=79，列出终端数字和除法式子：4÷7≐7，因4不能被7整除，则用7×7≐49≐4+9≐13≐1+3≐4检验。

小数四则运算的结果也可用终端数字和计算法检验，如372.6−98.05=274.55一题，先口算出372.6，98.05，274.55的终端数字和分别是9，4，5，再由9−4≐5即可认定原题解答可能是对的。再如709.7÷47=15.1，用终端数字和计算：5÷2≐7，得出该题解答可能是正确的判断。值得注意的是，被除数、除数的终端数字和都是3时，不宜用终端数字和计算法去检验。

这样的做法具有积极的教学意义，比如教师掌握了它就能够对学生上台板演或课堂独立解答整数四则运算的结果快速地作出评判；如果学生掌握了它，就能够主动地检验自己的答案，进而改变以往仅用四则运算的逆运算检验答案的单一做法，提升数学能力和思维品质。

第二部分　三个数学难题

第一章　奇合数的新认识

自然数是人们较为熟悉的一类数，都知道它的表义，能够区分出奇数与偶数、合数与质数、奇合数与奇质数。然而，人们却较少甚至从未思考过，自然数还有别的分类方法吗？奇合数是怎样形成的？奇合数数系结构是什么样的？奇合数、奇质数有哪些鲜为人知的特性？奇合数、奇质数还有其他的判别方法吗？

本章将逐一回答以上问题，帮助人们再进一步地认识自然数。

第一节　自然数分类的新方法

常见的自然数分类方法有两种：一是把自然数区分为奇数与偶数，二是把自然数（0，1除外）分为合数与质数，这两种分类方法都是依据自然数的某种属性来划分的。

如果按照个位上的数字分，自然数（0除外）可以分为如下10个数族：

10，20，30，40，50，60，70，80，90，100，110，…

1，11，21，31，41，51，61，71，81，91，101，…

2，12，22，32，42，52，62，72，82，92，102，…

3，13，23，33，43，53，63，73，83，93，103，…

4，14，24，34，44，54，64，74，84，94，104，…

5，15，25，35，45，55，65，75，85，95，105，…

6，16，26，36，46，56，66，76，86，96，106，…

7，17，27，37，47，57，67，77，87，97，107，…

8，18，28，38，48，58，68，78，88，98，108，…

9，19，29，39，49，59，69，79，89，99，109，…

上述10类数，按照它们个位上的数字分别命名为0，1，2，3，4，5，6，7，8，9等10个氏数族。其中0，2，4，6，8氏数族统称为**偶数数族**，1，3，5，7，9氏数族统称为**奇数数族**。作为数族标识的0，1，2，…，9等10个个位上的数字分别称为**数族号**。数族号以外的部分称为**"数序码"**，用a表示。每一个数族里的自然数都可以看成是由"数序码"和"数族号"两部分构成的，一位数的数序码视为0。表示某个数在相应数族是第几个数的值称为**数序值**，用P表示。由于0氏数族没有一位数的自然数，因而0氏数族里的偶数的数序值就是相应的数序码，即$P=a$。如160的数序码是16，可知160的数序值是16，即160是0氏数族里的第16个数。1，2，3，4，5，6，7，8，9氏数族各有1个数序码为0的数，这些数族相应自然数的数序值$P=a+1$。如"267"中的"7"是数族号，"26"是数序码，"267"就是7氏数族的第（26+1）个数。再如"2459176"，它的数序值$P=245917+1=245918$个数。在指明数族的条件下，各数族的每一个数都可以用数序码表示。数序码可以按照整数的四则运算法则进行计算。数序值不仅表示一个数在相应一列数中的次第位置，还表明一共有多少个相关联的数。

自然数的末两位数字称为**数尾码**，如01，11，21，…，91就是1氏数族的10类数尾码，一位数的数尾码是由0和它本身构成的，如01，03，07，09等。数尾码除外的部分，称为**躯干值**，如"1723"这个数的数尾码是"23"，躯干值为"17"。一位数、二位数的躯干值都视为"0"。

0，1，2，3，4，5，6，7，8，9氏数族里的数分别可以用$10+10n$（$n \geqslant 0$，下同），$1+10n$，$2+10n$，$3+10n$，$4+10n$，$5+10n$，$6+10n$，$7+10n$，$8+10n$，$9+10n$的代数式表示。

深入分析0，1，2，3，4，5，6，7，8，9氏数族相邻奇数的数量关系，能够看出：0，1，2，3，4，5，6，7，8，9氏数族都是公差为10的无穷等差数列，这样的无穷等差数列称为**等差数族数列**，别称**长数列**，它们的第一个数（首项）称为**起始数**，又叫作**底**。本书讲的10个数族，其实就是指10个等差数族数列。

在1氏数族里，所有以1为起始数的2个或2个以上的一列连续奇数，都叫作**1氏数族短数列**；在3氏数族里，所有以3为起始数的2个或2个以上的一列连续奇数，都叫作**3氏数族短数列**；在7氏数族里，所有以7为起始数的2个或2个以上的一列连续奇数，都叫作**7氏数族短数列**；在9氏数族里，所有以9为起始数的2个或2个以上的一列连续奇数，都叫作**9氏数族短数列**。如7，17，27；7，17，27，37，47，57，67，77；7，17，27，…，1347等就是3个7氏数族的短数列。很显然，所有的数族短数列都是公差为10的等差数列。在1，3，7，9氏数族里，各自的数族短数列都是无穷尽的。

细心观察、分析任意长度的1、3、7、9氏数族短数列，能够发现：

所有的1氏数族短数列，一定都有1个或1个以上的质数；

所有的3氏数族短数列，一定都有2个或2个以上的质数；

所有的7氏数族短数列，一定都有2个或2个以上的质数；

所有的9氏数族短数列，一定都有1个或1个以上的质数。

这些特征，分别称为**1，3，7，9氏数族短数列基本性质**。这个性质，小学生也看得出。一般地，同一数族数列里较长的短数列比较短的短数列所含的质数要多。

0除外的自然数按照个位上的数字分为10类数的意义在于：有利于分门别类地、深入地认识自然数。自然数的10个数族如表1–1所示。

表1–1　自然数的10个数族

数族名称	0氏	1氏	2氏	3氏	4氏	5氏	6氏	7氏	8氏	9氏
		1	2	3	4	5	6	7	8	9
	10	11	12	13	14	15	16	17	18	19
	20	21	22	23	24	25	26	27	28	29
	30	31	32	33	34	35	36	37	38	39
	40	41	42	43	44	45	46	47	48	49
	50	51	52	53	54	55	56	57	58	59
	60	61	62	63	64	65	66	67	68	69
区	70	71	72	73	74	75	76	77	78	79
分	80	81	82	83	84	85	86	87	88	89
数	90	91	92	93	94	95	96	97	98	99
族	100	101	102	103	104	105	106	107	108	109
的	110	111	112	113	114	115	116	117	118	119
自	120	121	122	123	124	125	126	127	128	129
然	130	131	132	133	134	135	136	137	138	139
数	140	141	142	143	144	145	146	147	148	149
	150	151	152	153	154	155	156	157	158	159
	160	161	162	163	164	165	166	167	168	169
	170	171	172	173	174	175	176	177	178	179
	180	181	182	183	184	185	186	187	188	189
	190	191	192	193	194	195	196	197	198	199
	200	201	202	203	204	205	206	207	208	209

续上表

数族名称	0氏	1氏	2氏	3氏	4氏	5氏	6氏	7氏	8氏	9氏
区分数族的自然数	210	211	212	213	214	215	216	217	218	219
	220	221	222	223	224	225	226	227	228	229
	230	231	232	233	234	235	236	237	238	239
	240	241	242	243	244	245	246	247	248	249
	250	251	252	253	254	255	256	257	258	259
	260	261	262	263	264	265	266	267	268	269
	270	271	272	273	274	275	276	277	278	279
	280	281	282	283	284	285	286	287	288	289
	290	291	292	293	294	295	296	297	298	299
	300	301	302	303	304	305	306	307	308	309
	310	311	312	313	314	315	316	317	318	319
	320	321	322	323	324	325	326	327	328	329
	330	331	332	333	334	335	336	337	338	339
	340	341	342	343	344	345	346	347	348	349
	350	351	352	353	354	355	356	357	358	359
	360	361	362	363	364	365	366	367	368	369
	…	…	…	…	…	…	…	…	…	…

第二节 奇合数的由来

我们可以从数理上探索奇合数是怎样形成的，直白地说就是指无穷的奇合数分别由怎样的两个奇数相乘得到的。

奇合数一定是1，3，5，7，9氏数族里的一类数。5氏数族里只有一个质数"5"，且其合数的判断也极为容易。

基于以上思考，笔者根据各奇数数族的特点，经过反复试算、分析、比较之后，编制了下面的1，3，7，9氏数族奇合数生成数表（见表1-2~表1-11）。

表1-2　1氏数族奇合数生成数表一

积C / B因数 A数脉因数	7	17	27	37	47	57	67	77	87	97
3	21	51	81	111	141	171	201	231	261	291
13	91	221	351	481	611	741	871	1001	1131	1261
23	161	391	621	851	1081	1311	1541	1771	2001	2231
33	231	561	891	1221	1551	1881	2211	2541	2871	3201
43	301	731	1161	1591	2021	2451	2881	3311	3741	4171
53	371	901	1431	1961	2491	3021	3551	4081	4611	5141
63	441	1071	1701	2331	2961	3591	4221	4851	5481	6111
73	511	1241	1971	2701	3431	4161	4891	5621	6351	7081
83	581	1411	2241	3071	3901	4731	5561	6391	7221	8051
93	651	1581	2511	3441	4371	5301	6231	7161	8091	9021
103	721	1751	2781	3811	4841	5871	6901	7931	8961	9991
113	791	1921	3051	4181	5311	6441	7571	8701	9831	10961
123	861	2091	3321	4551	5781	7011	8241	9471	10701	11931
133	931	2261	3591	4921	6251	7581	8911	10241	11571	12901
143	1001	2431	3861	5291	6721	8151	9581	11011	12441	13871
153	1071	2601	4131	5661	7191	8721	10251	11781	13311	14841
163	1141	2771	4401	6031	7661	9291	10921	12551	14181	15811
173	1211	2941	4671	6401	8131	9861	11591	13321	15051	16781
…	…	…	…	…	…	…	…	…	…	…

①号

表1-3　1氏数族奇合数生成数表二

积C A数脉因数 ＼ B因数	9	19	29	39	49	59	69	79	89	99
9	81	171	261	351	441	531	621	711	801	891
19	171	361	551	741	931	1121	1311	1501	1691	1881
29	261	551	841	1131	1421	1711	2001	2291	2581	2871
39	351	741	1131	1521	1911	2301	2691	3081	3471	3861
49	441	931	1421	1911	2401	2891	3381	3871	4361	4851
59	531	1121	1711	2301	2891	3481	4071	4661	5251	5841
69	621	1311	2001	2691	3381	4071	4761	5451	6141	6831
79	711	1501	2291	3081	3871	4661	5451	6241	7031	7821
89	801	1691	2581	3471	4361	5251	6141	7031	7921	8811
99	891	1881	2871	3861	4851	5841	6831	7821	8811	9801
109	981	2071	3161	4251	5341	6431	7521	8611	9701	10791
119	1071	2261	3451	4641	5831	7021	8211	9401	10591	11781
129	1161	2451	3741	5031	6321	7611	8901	10191	11481	12771
139	1251	2641	4031	5421	6811	8201	9591	10981	12371	13761
149	1341	2831	4321	5811	7301	8791	10281	11771	13261	14751
159	1431	3021	4611	6201	7791	9381	10971	12561	14151	15741
169	1521	3211	4901	6591	8281	9971	11661	13351	15041	16731
179	1611	3401	5191	6981	8771	10561	12351	14141	15931	17721
…	…	…	…	…	…	…	…	…	…	…

②号

表1-4　1氏数族奇合数生成数表三

A因数 / B因数	11	21	31	41	51	61	71	81	91	101
11	121	231	341	451	561	671	781	891	1001	1111
21	231	441	651	861	1071	1281	1491	1701	1911	2121
31	341	651	961	1271	1581	1891	2201	2511	2821	3131
41	451	861	1271	1681	2091	2501	2911	3321	3731	4141
51	561	1071	1581	2091	2601	3111	3621	4131	4641	5151
61	671	1281	1891	2501	3111	3721	4331	4941	5551	6161
71	781	1491	2201	2911	3621	4331	5041	5751	6461	7171
81	891	1701	2511	3321	4131	4941	5751	6561	7371	8181
91	1001	1911	2821	3731	4641	5551	6461	7371	8281	9191
101	1111	2121	3131	4141	5151	6161	7171	8181	9191	10201
111	1221	2331	3441	4551	5661	6771	7881	8991	10101	11211
121	1331	2541	3751	4961	6171	7381	8591	9801	11011	12221
131	1441	2751	4061	5371	6681	7991	9301	10611	11921	13231
141	1551	2961	4371	5781	7191	8601	10011	11421	12831	14241
151	1661	3171	4681	6191	7701	9211	10721	12231	13741	15251
161	1771	3381	4991	6601	8211	9821	11431	13041	14651	16261
171	1881	3591	5301	7011	8721	10431	12141	13851	15561	17271
181	1991	3801	5611	7421	9231	11041	12851	14661	16471	18281
...	...	...	...	...	...	...	...	...	...	...

③号

表1-5　3氏数族奇合数生成数表四

数脉	A因数\B因数\积C	3	13	23	33	43	53	63	73	83	93
④号	11	33	143	253	363	473	583	693	803	913	1023
	21	63	273	483	693	903	1113	1323	1533	1743	1953
	31	93	403	713	1023	1333	1643	1953	2263	2573	2883
	41	123	533	943	1353	1763	2173	2583	2993	3403	3813
	51	153	663	1173	1683	2193	2703	3213	3723	4233	4743
	61	183	793	1403	2013	2623	3233	3843	4453	5063	5673
	71	213	923	1633	2343	3053	3763	4473	5183	5893	6603
	81	243	1053	1863	2673	3483	4293	5103	5913	6723	7533
	91	273	1183	2093	3003	3913	4823	5733	6643	7553	8463
	101	303	1313	2323	3333	4343	5353	6363	7373	8383	9393
	111	333	1443	2553	3663	4773	5883	6993	8103	9213	10323
	121	363	1573	2783	3993	5203	6413	7623	8833	10043	11253
	131	393	1703	3013	4323	5633	6943	8253	9563	10873	12183
	141	423	1833	3243	4653	6063	7473	8883	10293	11703	13113
	151	453	1963	3473	4983	6493	8003	9513	11023	12533	14043
	161	483	2093	3703	5313	6923	8533	10143	11753	13363	14973
	171	513	2223	3933	5643	7353	9063	10773	12483	14193	15903
	181	543	2353	4163	5973	7783	9593	11403	13213	15023	16833
	…	…	…	…	…	…	…	…	…	…	…

表1-6　3氏数族奇合数生成数表五

数脉	A因数＼B因数 积C	9	19	29	39	49	59	69	79	89	99
	7	63	133	203	273	343	413	483	553	623	693
	17	153	323	493	663	833	1 003	1 173	1 343	1 513	1 683
	27	243	513	783	1 053	1 323	1 593	1 863	2 133	2 403	2 673
	37	333	703	1 073	1 443	1 813	2 183	2 553	2 923	3 293	3 663
	47	423	893	1 363	1 833	2 303	2 773	3 243	3 713	4 183	4 653
	57	513	1 083	1 653	2 223	2 793	3 363	3 933	4 503	5 073	5 643
	67	603	1 273	1 943	2 613	3 283	3 953	4 623	5 293	5 963	6 633
	77	693	1 463	2 233	3 003	3 773	4 543	5 313	6 083	6 853	7 623
	87	783	1 653	2 523	3 393	4 263	5 133	6 003	6 873	7 743	8 613
⑤号	97	873	1 843	2 813	3 783	4 753	5 723	6 693	7 663	8 633	9 603
	107	963	2 033	3 103	4 173	5 243	6 313	7 383	8 453	9 523	10 593
	117	1 053	2 223	3 393	4 563	5 733	6 903	8 073	9 243	10 413	11 583
	127	1 143	2 413	3 683	4 953	6 223	7 493	8 763	10 033	11 303	12 573
	137	1 233	2 603	3 973	5 343	6 713	8 083	9 453	10 823	12 193	13 563
	147	1 323	2 793	4 263	5 733	7 203	8 673	10 143	11 613	13 083	14 553
	157	1 413	2 983	4 553	6 123	7 693	9 263	10 833	12 403	13 973	15 543
	167	1 503	3 173	4 843	6 513	8 183	9 853	11 523	13 193	14 863	16 533
	177	1 593	3 363	5 133	6 903	8 673	10 443	12 213	13 983	15 753	17 523
	...	...	...	...	...	...	...	...	...	...	...

表1-7　7氏数族奇合数生成数表六

A数脉 因数 \ B因数 \ 积C	9	19	29	39	49	59	69	79	89	99
3	27	57	87	117	147	177	207	237	267	297
13	117	247	377	507	637	767	897	1 027	1 157	1 287
23	207	437	667	897	1 127	1 357	1 587	1 817	2 047	2 277
33	297	627	957	1 287	1 617	1 947	2 277	2 607	2 937	3 267
43	387	817	1 247	1 677	2 107	2 537	2 967	3 397	3 827	4 257
53	477	1 007	1 537	2 067	2 597	3 127	3 657	4 187	4 717	5 247
63	567	1 197	1 827	2 457	3 087	3 717	4 347	4 977	5 607	6 237
73	657	1 387	2 117	2 847	3 577	4 307	5 037	5 767	6 497	7 227
83	747	1 577	2 407	3 237	4 067	4 897	5 727	6 557	7 387	8 217
93	837	1 767	2 697	3 627	4 557	5 487	6 417	7 347	8 277	9 207
103	927	1 957	2 987	4 017	5 047	6 077	7 107	8 137	9 167	10 197
113	1 017	2 147	3 277	4 407	5 537	6 667	7 797	8 927	10 057	11 187
123	1 107	2 337	3 567	4 797	6 027	7 257	8 487	9 717	10 947	12 177
133	1 197	2 527	3 857	5 187	6 517	7 847	9 177	10 507	11 837	13 167
143	1 287	2 717	4 147	5 577	7 007	8 437	9 867	11 297	12 727	14 157
153	1 377	2 907	4 437	5 967	7 497	9 027	10 557	12 087	13 617	15 147
163	1 467	3 097	4 727	6 357	7 987	9 617	11 247	12 877	14 507	16 137
173	1 557	3 287	5 017	6 747	8 477	10 207	11 937	13 667	15 397	17 127
…	…	…	…	…	…	…	…	…	…	…

⑥号

表1-8 7氏数族奇合数生成数表七

数脉A因数 积C B因数	7	17	27	37	47	57	67	77	87	97
11	77	187	297	407	517	627	737	847	957	1 067
21	147	357	567	777	987	1 197	1 407	1 617	1 827	2 037
31	217	527	837	1 147	1 457	1 767	2 077	2 387	2 697	3 007
41	287	697	1 107	1 517	1 927	2 337	2 747	3 157	3 567	3 977
51	357	867	1 377	1 887	2 397	2 907	3 417	3 927	4 437	4 947
61	427	1 037	1 647	2 257	2 867	3 477	4 087	4 697	5 307	5 917
71	497	1 207	1 917	2 627	3 337	4 047	4 757	5 467	6 177	6 887
81	567	1 377	2 187	2 997	3 807	4 617	5 427	6 237	7 047	7 857
91	637	1 547	2 457	3 367	4 277	5 187	6 097	7 007	7 917	8 827
101	707	1 717	2 727	3 737	4 747	5 757	6 767	7 777	8 787	9 797
111	777	1 887	2 997	4 107	5 217	6 327	7 437	8 547	9 657	10 767
121	847	2 057	3 267	4 477	5 687	6 897	8 107	9 317	10 527	11 737
131	917	2 227	3 537	4 847	6 157	7 467	8 777	10 087	11 397	12 707
141	987	2 397	3 807	5 217	6 627	8 037	9 447	10 857	12 267	13 677
151	1 057	2 567	4 077	5 587	7 097	8 607	10 117	11 627	13 137	14 647
161	1 127	2 737	4 347	5 957	7 567	9 177	10 787	12 397	14 007	15 617
171	1 197	2 907	4 617	6 327	8 037	9 747	11 457	13 167	14 877	16 587
181	1 267	3 077	4 887	6 697	8 507	10 317	12 127	13 937	15 747	17 557
…	…	…	…	…	…	…	…	…	…	…

⑦号

表1-9 9氏数族奇合数生成数表八

数脉 A因数 / 积C / B因数	3	13	23	33	43	53	63	73	83	93
⑧号	3	9	39	69	99	129	159	189	219	249	279
	13	39	169	299	429	559	689	819	949	1 079	1 209
	23	69	299	529	759	989	1 219	1 449	1 679	1 909	2 139
	33	99	429	759	1 089	1 419	1 749	2 079	2 409	2 739	3 069
	43	129	559	989	1 419	1 849	2 279	2 709	3 139	3 569	3 999
	53	159	689	1 219	1 749	2 279	2 809	3 339	3 869	4 399	4 929
	63	189	819	1 449	2 079	2 709	3 339	3 969	4 599	5 229	5 859
	73	219	949	1 679	2 409	3 139	3 869	4 599	5 329	6 059	6 789
	83	249	1 079	1 909	2 739	3 569	4 399	5 229	6 059	6 889	7 719
	93	279	1 209	2 139	3 069	3 999	4 929	5 859	6 789	7 719	8 649
	103	309	1 339	2 369	3 399	4 429	5 459	6 489	7 519	8 549	9 579
	113	339	1 469	2 599	3 729	4 859	5 989	7 119	8 249	9 379	10 509
	123	369	1 599	2 829	4 059	5 289	6 519	7 749	8 979	10 209	11 439
	133	399	1 729	3 059	4 389	5 719	7 049	8 379	9 709	11 039	12 369
	143	429	1 859	3 289	4 719	6 149	7 579	9 009	10 439	11 869	13 299
	153	459	1 989	3 519	5 049	6 579	8 109	9 639	11 169	12 699	14 229
	163	489	2 119	3 749	5 379	7 009	8 639	10 269	11 899	13 529	15 159
	173	519	2 249	3 979	5 709	7 439	9 169	10 899	12 629	14 359	16 089
	...	...	...	...	...	...	...	...	...	...	...

表1-10　9氏数族奇合数生成数表九

数脉 A因数 \ 积C B因数	7	17	27	37	47	57	67	77	87	97
7	49	119	189	259	329	399	469	539	609	679
17	119	289	459	629	799	969	1 139	1 309	1 479	1 649
27	189	459	729	999	1 269	1 539	1 809	2 079	2 349	2 619
37	259	629	999	1 369	1 739	2 109	2 479	2 849	3 219	3 589
47	329	799	1 269	1 739	2 209	2 679	3 149	3 619	4 089	4 559
57	399	969	1 539	2 109	2 679	3 249	3 819	4 389	4 959	5 529
67	469	1 139	1 809	2 479	3 149	3 819	4 489	5 159	5 829	6 499
77	539	1 309	2 079	2 849	3 619	4 389	5 159	5 929	6 699	7 469
87	609	1 479	2 349	3 219	4 089	4 959	5 829	6 699	7 569	8 439
97	679	1 649	2 619	3 589	4 559	5 529	6 499	7 469	8 439	9 409
107	749	1 819	2 889	3 959	5 029	6 099	7 169	8 239	9 309	10 379
117	819	1 989	3 159	4 329	5 499	6 669	7 839	9 009	10 179	11 349
127	889	2 159	3 429	4 699	5 969	7 239	8 509	9 779	11 049	12 319
137	959	2 329	3 699	5 069	6 439	7 809	9 179	10 549	11 919	13 289
147	1 029	2 499	3 969	5 439	6 909	8 379	9 849	11 319	12 789	14 259
157	1 099	2 669	4 239	5 809	7 379	8 949	10 519	12 089	13 659	15 229
167	1 169	2 839	4 509	6 179	7 849	9 519	11 189	12 859	14 529	16 199
177	1 239	3 009	4 779	6 549	8 319	10 089	11 859	13 629	15 399	17 169
...	...	...	...	...	...	...	...	...	...	...

⑨号（数脉）

表1-11 9氏数族奇合数生成数表十

积C数脉B因数 A因数⑩号	9	19	29	39	49	59	69	79	89	99
11	99	209	319	429	539	649	759	869	979	1089
21	189	399	609	819	1029	1239	1449	1659	1869	2079
31	279	589	899	1209	1519	1829	2139	2449	2759	3069
41	369	779	1189	1599	2009	2419	2829	3239	3649	4059
51	459	969	1479	1989	2499	3009	3519	4029	4539	5049
61	549	1159	1769	2379	2989	3599	4209	4819	5429	6039
71	639	1349	2059	2769	3479	4189	4899	5609	6319	7029
81	729	1539	2349	3159	3969	4779	5589	6399	7209	8019
91	819	1729	2639	3549	4459	5369	6279	7189	8099	9009
101	909	1919	2929	3939	4949	5959	6969	7979	8989	9999
111	999	2109	3219	4329	5439	6549	7659	8769	9879	10989
121	1089	2299	3509	4719	5929	7139	8349	9559	10769	11979
131	1179	2489	3799	5109	6419	7729	9039	10349	11659	12969
141	1269	2679	4089	5499	6909	8319	9729	11139	12549	13959
151	1359	2869	4379	5889	7399	8909	10419	11929	13439	14949
161	1449	3059	4669	6279	7889	9499	11109	12719	14329	15939
171	1539	3249	4959	6669	8379	10089	11799	13509	15219	16929
181	1629	3439	5249	7059	8869	10679	12489	14299	16110	17919
…	…	…	…	…	…	…	…	…	…	…

在上述每个奇合数生成数表里，与奇合数相应的两个因数中的竖行因数叫作**A因数**，另一个横行因数叫作**B因数**。在同一个数表中，所有A因数的集合，称为**A因数等差数列**；所有B因数的集合，称为**B因数等差数列**。A因数（$3+10n$）（$n \geq 0$）与B因数（$7+10n$），A因数（$9+10n$）与B因数（$9+10n$），A因数（$11+10n$）与B因数（$11+10n$），A因数（$11+10n$）与B因数（$3+10n$），A因数（$7+10n$）与B因数（$9+10n$），A因数（$3+10n$）与B因数（$9+10n$），A因数（$11+10n$）与B因数（$7+10n$），A因数（$3+10n$）与B因数（$3+10n$），A因数（$7+10n$）与B因数（$7+10n$），A因数（$11+10n$）与B因数（$9+10n$）相乘得到的一系列奇合数分别称为①号、②号、③号、④号、⑤号、⑥号、⑦号、⑧号、⑨号、⑩号**数脉**。很显然，这10个数脉里的奇合数都是无穷尽的。

上述每个奇合数生成数表中，任何一个A因数与相应的n个连续B因数分别相乘得到的积所构成的数列都是奇合数等差数列。具体的奇合数等差数列，都用相应的数族名和A因数共同命名。如1氏数族奇合数生成数表一（表1-2）中的各个横向数列自上而下依次叫做1氏数族A因数3下、1氏数族A因数13下、1氏数族A因数23下……奇合数等差数列。同样地，任何一个B因数与相应的n个连续A因数分别相乘得到的积所构成的奇合数等差数列，也用相应的数族名和B因数共同命名。如1氏数族奇合数生成数表一（表1-2）中的各个纵向数列自左至右依次叫做1氏数族B因数7下、1氏数族B因数17下、1氏数族B因数27下……奇合数等差数列。这两类横向、纵向数列，统称为1氏数族奇合数等差数列。所有A因数下数列都用a_1，a_2，a_3，$\cdots$，a_n表示，所有B因数下数列都表示为b_1，b_2，b_3，$\cdots$，b_n。每个奇合数都是含有因数3的数列，叫作纯净奇合数等差数列；既有非3奇合数又有含因数3的奇合数的等差数列，叫作混合奇合数等差数列。

在每一个奇合数等差数列里，a_1与a_n的差、b_1与b_n的差都叫作数距长度。如果用c，d，n分别表示**数距长度**、公差及公差个数，那么$c=nd$。这个式子，以及$c=a_n-a_1$，$c=b_n-b_1$，都叫作**数距长度计算公式**。

观察每个奇合数生成数表中同样多的A因数、B因数及其纵横二列奇合数等差数列围成的四边形图形，可以看出它们都是正方形，且这些正方形都有一个公共顶点，每个正方形的上边、左边分别在同一条射线上，像这种由无穷个正方形依次连接起来的图形叫作**无穷正方形**。

由于②号、③号、⑧号、⑨号数脉里的A，B因数系列分别是同一个等差数列，因而每个正方形自左上至右下对角线上的奇合数除外的右上与左下两个直角三角形里的奇合数都是若干对两两相同的奇合数，于是就将所有对角线上的奇合数（81，121，9，49除外）视为奇合数等差数列的起始数，像这样的数列叫作**短缺奇合数等差数列**。

在②号、③号、⑧号、⑨号数脉以外的其他数脉里，同样有许多相同的奇合数。

1，3，7，9氏数族里那些无穷尽的奇合数分别是怎样生成的呢？

分析各奇合数生成数表中不同奇合数的来龙去脉，能够发现它们都是由表中左上角那个最小奇合数分两步生发出来的。比如1氏数族奇合数生成数表一（表1–2）中的最小奇合数是"21"，它表示为3×7，当"21"依次增加"7×10"时，生成91，161，231，301，…一列数，它们的相应乘式分别是13×7，23×7，33×7，43×7，…，这是第一步。第二步，13×7，23×7，33×7，43×7，…分别依次增加13×10，23×10，33×10，43×10，…，生成新的奇合数。像"21"这样的最小合数叫作**母数**，母数的相应乘式叫作**母体**。母数直接生成的纵向一列数叫作**垂线次母数**，母数直接生成的横向一列数叫作**横线次母数**，各个次母数的相应乘式叫作**次母体**。母数、次母数各自横向生成的奇合数都称为**子数**。概括地说，奇合数的生成过程是：母数→次母数→子数。这个过程，又区分为纵向与横向两种生成方式。

以上10个数脉奇合数的生成过程，分别可以用以下的代数式表示之（表1–12）。

这10个代数式依次简称为**奇合数生成式①，②，…，⑩**。

上述式子的第一个加数求的是次母体，第二个加数求出的是若干个公差的和，即数距长度。

实际用如上式子求奇合数时，先令$m=0$，再依次令n为0，1，2，3，…，这样可以算出同一A因数下的若干个奇合数来。

以上10个奇合数生成式分别计算出来的所有奇合数，又叫作**表内奇数**。还有些奇数是奇合数生成式不可能计算出来的，这样的奇数称为**表外奇数**。

表1-12

数族	代 数 式（$m \geq 0$、$n \geq 1$）
1氏	①号（21+70m）+（30+100m）n ②号（81+90m）+（90+100m）n ③号（121+110m）+（110+100m）n
3氏	④号（33+30m）+（110+100m）n ⑤号（63+90m）+（70+100m）n
7氏	⑥号（27+90m）+（30+100m）n ⑦号（77+70m）+（110+100m）n
9氏	⑧号（9+30m）+（30+100m）n ⑨号（49+70m）+（70+100m）n ⑩号（99+90m）+（110+100m）n

由于任何奇数都可以用数序码表示，所以上表中的生成式也可以用数序码表示（表1-13）。

表1-13

数族	代 数 式（$m \geq 0$、$n \geq 1$）
1氏	①号（2+7m）+（3+10m）n ②号（8+9m）+（9+10m）n ③号（12+11m）+（11+10m）n
3氏	④号（3+3m）+（11+10m）n ⑤号（6+9m）+（7+10m）n
7氏	⑥号（2+9m）+（3+10m）n ⑦号（7+7m）+（11+10m）n
9氏	⑧号（0+3m）+（3+10m）n ⑨号（4+7m）+（7+10m）n ⑩号（9+9m）+（11+10m）n

表1-13中式子简称为**数序码表达式**。很显然，数序码表达式简便些。以上数序码表达式，其实分别是相应奇合数生成式的变式。

因为奇合数生成式（包括变式）计算出来的数，既有终端数字和为1，4，7，2，5，8的奇合数，又有终端数字和为3，6，9的奇合数，所以1，3，7，9氏数族奇合数生成式及其变式分别只有10个式子。

第三节　奇合数等差数列的性质

可以说，认识了奇合数等差数列，就认识了奇合数。下面说说奇合数等差数列的性质。

（1）所有A因数、B因数下的奇合数数列都是奇合数等差数列。

这是因为1，3，7，9氏数族奇合数生成数表中的所有A因数数列、B因数数列都是公差为10的等差数列，当某个A因数依次与某个B因数等差数列里的每个B因数相乘时，每相邻两个积之间就相差"A因数×10"，于是所有的A因数数列都是等差数列。同样的道理，所有的B因数数列也都是等差数列。

（2）任意A因数下的奇合数等差数列，这个A因数就是这个奇合数等差数列里每个奇合数的公因数。

如161，391，621，851，1081，1311，1541，1771，2001，2231这个A因数下的奇合数等差数列里的每一个奇合数都含有A因数23。

任意B因数下的奇合数等差数列，这个B因数就是这个等差数列里每个奇合数的公因数。

例如，B因数7就是77，147，217，287，357，427，497，567，637，707这个B因数7下奇合数等差数列里每个奇合数的公因数。

由同一个A因数下等差数列的每一个奇合数都是A因数分别与每个B因数相乘得到的缘由，可知A因数就是其相应等差数列里各个奇合数的公因数。由同一个B因数下等差数列的每一个奇合数分别是同一个B因数与A因数等差数列里的每个数相乘得到的缘由，可知B因数就是相应奇合数等差数列里每个奇合数的公因数。

（3）所有A因数下的奇合数等差数列的公差都是"相应A因数×10"的整数，所有B因数下的奇合数等差数列的公差都是"相应B因数×10"的整数。

例如，3氏数族A因数11下的奇合数等差数列33，143，253，363，473，583，693，803的公差是110（11×10）。

（4）混合奇合数等差数列里，终端数字和为1，4，7的奇合数的前一个数一定是含有因数3的奇合数，终端数字和为2，5，8的奇合数的后一个数一定是含有因数3的奇合数。

（5）用数序码代替所有A因数下奇合数等差数列、B因数下奇合数等差数列的每个奇合数，这样得到的数列依然是等差数列。

例如，与39，169，299，429，559，689，819，949，1079这个奇合数等差数列相应的数序码构成的数列3，16，29，42，55，68，81，94，107依然是等差数列。

一个奇合数等差数列的公差为d，当这个等差数列用数序码表示时，即是将数族号都去掉，也就是这个公差d都减去同一个数，因而得到另一列数依然是等差数列。

（6）和其他等差数列一样，所有A因数下的奇合数等差数列里，a_1一定是公差d分别除a_2，a_3，…，a_n的余数，这个特性，称为**等差数列的整除性性质**。

（7）1氏数族的任何奇合数，都可以用（21+70m）+（30+100m）n，（81+90m）+（90+100m）n，（121+110m）+（110+100m）n等三个生成式中的某个生成式表示之。

3氏数族的任何奇合数，都可以用（33+30m）+（110+100m）n、（63+90m）+（70+100m）n等两个生成式中的某个生成式表示之。

7氏数族的任何奇合数，都可以用（27+90m）+（30+100m）n、（77+70m）+（110+100m）n等两个生成式中的某个生成式表示之。

9氏数族的任何奇合数，都可以用（9+30m）+（30+100m）n，（49+70m）+（70+100m）n，（99+90m）+（110+100m）n等三个生成式中的某个生成式表示之。

（8）所有奇合数等差数列里的任意奇合数，如果它的相应B因数不变，相应A因数增加100n（$n \geq 1$），则它的数尾码不变；或A因数不变，B因数增加100n，则它的数尾码不变。如43×17=731，43×117=5031，143×17=2431。

（9）所有奇合数等差数列里的任意奇合数，如果它的相应A因数不变，相应B因数增加90n（$n \geq 1$），或B因数不变，A因数增加90n。那么，它的终端数字和不变。

如71×23=1633，1633的终端数字和为"4"；71×113=8023，8023的终端数字和也是"4"；161×23=3703，3703的终端数字和还是"4"。

（10）如果将各个奇合数生成数表里一位数除外的A因数、B因数都表示为"整十数与个位数字的和"，那么：

①号数脉里21除外的所有奇合数S都可以由$S=(10m+3)\times(10n+7)=10m\cdot10n+10m\times7+3\times10n+3\times7$求得相应的两个因数。

②号数脉里81除外的所有奇合数S都可以由$S=(10m+9)\times(10m+9)=10m\cdot10m+10m\times9+9\times10m+9\times9$求得相应的两个因数。

③号数脉里所有奇合数S都可以由$S=(10m+1)\times(10m+1)=10m\cdot10m+10m\times1+1\times10m+1\times1$求得相应的两个因数。

④号数脉里所有奇合数S都可以由$S=(10m+1)\times(10n+3)=10m\cdot10n+10m\times3+1\times10n+1\times3$求得相应的两个因数。

⑤号数脉里63除外的所有奇合数S都可以由$S=(10m+7)\times(10n+9)=10m\cdot10n+10m\times9+7\times10n+7\times9$求得相应的两个因数。

⑥号数脉里27除外的所有奇合数S都可以由$S=(10m+3)\times(10n+9)=10m\cdot10n+10m\times9+3\times10n+3\times9$求得相应的两个因数。

⑦号数脉里的所有奇合数S都可以由$S=(10m+1)\times(10n+7)=10m\cdot10n+10m\times7+1\times10n+1\times7$求得相应的两个因数。

⑧号数脉里9除外的所有奇合数S都可以由$S=(10m+3)\times(10m+3)=10m\cdot10m+10m\times3+3\times10m+3\times3$求得相应的两个因数。

⑨号数脉里49除外的所有奇合数S都可以由$S=(10m+7)\times(10m+7)=10m\cdot10m+10m\times7+7\times10m+7\times7$求得相应的两个因数。

⑩号数脉里的所有奇合数S都可以由$S=(10m+1)\times(10n+9)=10m\cdot10n+10m\times9+1\times10n+1\times9$求得相应的两个因数。

以上内容，统称为奇合数表示为两数积性质。

为了能够较为详尽地认识奇合数的内在属性，作者不惜笔墨、不计篇幅地绘编了10份奇合数终端数字和与数尾码图像。仔细观察、比较、分析这些图像，能够发现1，3，7，9氏数族奇合数等差数列的另外两个性质。

（11）每个奇合数等差数列里任意奇合数的数尾码，都是按照每10个奇合数为1个周期反复循环的。

（12）每个奇合数等差数列里任意奇合数的终端数字和，都是按照每9个奇合数为1个周期反复循环的。

分别观察后面10份终端数字和与数尾码图像（见表1-14~表1-23），能够看出：不仅同一A因数下、同一B因数下的奇合数等差数列里的奇合数都是按照终端数字和图像每9个数一个轮回，按照数尾码图像每10个数为一个轮回的；而且同一数脉里每9×9=81个数的终端数字和图像板块里的图像都是一一对应相同的，每10×10=100个数的数尾码图像板块里的图像也是一一对应相同的。

（13）1、3、7、9氏数族奇合数生成数表里，所有奇合数都可以同时变换为别的合数。

例如，若1氏数族奇合数生成数表一中的每个A因数都扩大2倍，B因数不变，则1氏数族奇合数都会变换为2氏数族奇合数；若每个A因数都扩大3倍，B因数不变，则1氏数族奇合数都会变换为3氏数族奇合数。

由上述性质（8）可以推知：

（14）所有奇合数等差数列里，从第二周期开始的任意数尾码相同的每个奇合数分别比第一周期的那个奇合数多"A因数×$10n$"或"B因数×$10n$"。

例如1氏数族A因数13下的奇合数等差数列：

91, 221, 351, 481, 611, 741, 871, 1001, 1131, 1261,
1391, 1521, 1651, 1781, 1911, 2041, 2171, 2301, 2431, 2561,
2691, 2821, 2951, 3081, 3211, 3341, 3471, 3601, 3731, 3861,
3991, 4121, 4251, 4381, 4511, 4641, 4771, 4901, 5031, 5161,
……

再如7氏数族B因数19下的奇合数等差数列：

57, 247, 437, 627, 817, 1007, 1197, 1387, 1577, 1767,
1957, 2147, 2337, 2527, 2717, 2907, 3097, 3287, 3477, 3667,
3857, 4047, 4237, 4427, 4617, 4807, 4997, 5187, 5377, 5567,
5757, 5947, 6137, 6327, 6517, 6707, 6897, 7087, 7277, 7467,
……

什么样的数是奇合数？根据以上分析，可以说：所有的奇合数都在相应的奇合数等差数到里。

表1–14　1氏数族奇合数终端数字和与数尾码图像一
（括号里的数为终端数字和）

积C／B因数 A因数／数脉／数脉	7	17	27	37	47	57	67	77	87	97	107
3	（3）21	（6）51	（9）81	（3）111	（6）141	（9）171	（3）201	（6）231	（9）261	（3）291	（6）321
13	（1）91	（5）221	（9）351	（4）481	（8）611	（3）741	（7）871	（2）1001	（6）1131	（1）1261	（5）1391
23	（8）161	（4）391	（9）621	（5）851	（1）1081	（6）1311	（2）1541	（7）1771	（3）2001	（8）2231	（4）2461
33	（6）231	（3）561	（9）891	（6）1221	（3）1551	（9）1881	（6）2211	（3）2541	（9）2871	（6）3201	（3）3531
43	（4）301	（2）731	（9）1161	（7）1591	（5）2021	（3）2451	（1）2881	（8）3311	（6）3741	（4）4171	（2）4601
53	（2）371	（1）901	（9）1431	（8）1961	（7）2491	（6）3021	（5）3551	（4）4081	（3）4611	（2）5141	（1）5671
63	（9）441	（9）1071	（9）1701	（9）2331	（9）2961	（9）3591	（9）4221	（9）4851	（9）5481	（9）6111	（9）6741
73	（7）511	（8）1241	（9）1971	（1）2701	（2）3431	（3）4161	（4）4891	（5）5621	（6）6351	（7）7081	（8）7811
83	（5）581	（7）1411	（9）2241	（2）3071	（4）3901	（6）4731	（8）5561	（1）6391	（3）7221	（5）8051	（7）8881
93	（3）651	（6）1581	（9）2511	（3）3441	（6）4371	（9）5301	（3）6231	（6）7161	（9）8091	（3）9021	（6）9951
103	（1）721	（5）1751	（9）2781	（4）3811	（8）4841	（3）5871	（7）6901	（2）7931	（6）8961	（1）9991	（5）11021
113	（8）791	（4）1921	（9）3051	（5）4181	（1）5311	（6）6441	（2）7571	（7）8701	（3）9831	（8）10961	（4）12091
123	（6）861	（3）2091	（9）3321	（6）4551	（3）5781	（9）7011	（6）8241	（3）9471	（9）10701	（6）11931	（3）13161
133	（4）931	（2）2261	（9）3591	（7）4921	（5）6251	（3）7581	（1）8911	（8）10241	（6）11571	（4）12901	（2）14231
143	（2）1001	（1）2431	（9）3861	（8）5291	（7）6721	（6）8151	（5）9581	（4）11011	（3）12441	（2）13871	（1）15301
153	（9）1071	（9）2601	（9）4131	（9）5661	（9）7191	（9）8721	（9）10251	（9）11781	（9）13311	（9）14841	（9）16371
163	（7）1141	（8）2771	（9）4401	（1）6031	（2）7661	（3）9291	（4）10921	（5）12551	（6）14181	（7）15811	（8）17441
173	（5）1211	（7）2941	（9）4671	（2）6401	（4）8131	（6）9861	（8）11591	（1）13321	（3）15051	（5）16781	（7）18511

数脉　①号

表1-15　1氏数族奇合数终端数字和与数尾码图像二

（括号里的数为终端数字和）

积C B因数 A因数 数脉	9	19	29	39	49	59	69	79	89	99	109
9	(9) 81	(9) 171	(9) 261	(9) 351	(9) 441	(9) 531	(9) 621	(9) 711	(9) 801	(9) 891	(9) 981
19	(9) 171	(1) 361	(2) 551	(3) 741	(4) 931	(5) 1121	(6) 1311	(7) 1501	(8) 1691	(9) 1881	(1) 2071
29	(9) 261	(2) 551	(4) 841	(6) 1131	(8) 1421	(1) 1711	(3) 2001	(5) 2291	(7) 2581	(9) 2871	(2) 3161
39	(9) 351	(3) 741	(6) 1131	(9) 1521	(3) 1911	(6) 2301	(9) 2691	(3) 3081	(6) 3471	(9) 3861	(3) 4251
49	(9) 441	(4) 931	(8) 1421	(3) 1911	(7) 2401	(2) 2891	(6) 3381	(1) 3871	(5) 4361	(9) 4851	(4) 5341
59	(9) 531	(5) 1121	(1) 1711	(6) 2301	(2) 2891	(7) 3481	(3) 4071	(8) 4661	(4) 5251	(9) 5841	(5) 6431
69	(9) 621	(6) 1311	(3) 2001	(9) 2691	(6) 3381	(3) 4071	(9) 4761	(6) 5451	(3) 6141	(9) 6831	(6) 7521
79	(9) 711	(7) 1501	(5) 2291	(3) 3081	(1) 3871	(8) 4661	(6) 5451	(4) 6241	(2) 7031	(9) 7821	(7) 8611
89	(9) 801	(8) 1691	(7) 2581	(6) 3471	(5) 4361	(4) 5251	(3) 6141	(2) 7031	(1) 7921	(9) 8811	(8) 9701
99	(9) 891	(9) 1881	(9) 2871	(9) 3861	(9) 4851	(9) 5841	(9) 6831	(9) 7821	(9) 8811	(9) 9801	(9) 10791
109	(9) 981	(1) 2071	(2) 3161	(3) 4251	(4) 5341	(5) 6431	(6) 7521	(7) 8611	(8) 9701	(9) 10791	(1) 11881
119	(9) 1071	(2) 2261	(4) 3451	(6) 4641	(8) 5831	(1) 7021	(3) 8211	(5) 9401	(7) 10591	(9) 11781	(2) 12971
129	(9) 1161	(3) 2451	(6) 3741	(9) 5031	(3) 6321	(6) 7611	(9) 8901	(3) 10191	(6) 11481	(9) 12771	(3) 14061
139	(9) 1251	(4) 2641	(8) 4031	(3) 5421	(7) 6811	(2) 8201	(6) 9591	(1) 10981	(5) 12371	(9) 13761	(4) 15151
149	(9) 1341	(5) 2831	(1) 4321	(6) 5811	(2) 7301	(7) 8791	(3) 10281	(8) 11771	(4) 13261	(9) 14751	(5) 16241
159	(9) 1431	(6) 3021	(3) 4611	(9) 6201	(6) 7791	(3) 9381	(9) 10971	(6) 12561	(3) 14151	(9) 15741	(6) 17331
169	(9) 1521	(7) 3211	(5) 4901	(3) 6591	(1) 8281	(8) 9971	(6) 11661	(4) 13351	(2) 15041	(9) 16731	(7) 18421
179	(9) 1611	(8) 3401	(7) 5191	(6) 6981	(5) 8771	(4) 10561	(3) 12351	(2) 14141	(1) 15931	(9) 17721	(8) 19511

②号

表1-16 1氏数族奇合数终端数字和与数尾码图像三
（括号里的数为终端数字和）

积C／B因数 A因数／数脉	11	21	31	41	51	61	71	81	91	101	111
11	（4） 121	（6） 231	（8） 341	（1） 451	（3） 561	（5） 671	（7） 781	（9） 891	（2） 1001	（4） 1111	（6） 1221
21	（6） 231	（9） 441	（3） 651	（6） 861	（9） 1071	（3） 1281	（6） 1491	（9） 1701	（3） 1911	（6） 2121	（9） 2331
31	（8） 341	（3） 651	（7） 961	（2） 1271	（6） 1581	（1） 1891	（5） 2201	（9） 2511	（4） 2821	（8） 3131	（3） 3441
41	（1） 451	（6） 861	（2） 1271	（7） 1681	（3） 2091	（8） 2501	（4） 2911	（9） 3321	（5） 3731	（1） 4141	（6） 4551
51	（3） 561	（9） 1071	（6） 1581	（3） 2091	（9） 2601	（6） 3111	（3） 3621	（9） 4131	（6） 4641	（3） 5151	（9） 5661
61	（5） 671	（3） 1281	（1） 1891	（8） 2501	（6） 3111	（4） 3721	（2） 4331	（9） 4941	（7） 5551	（5） 6161	（3） 6771
71	（7） 781	（6） 1491	（5） 2201	（4） 2911	（3） 3621	（2） 4331	（1） 5041	（9） 5751	（8） 6461	（7） 7171	（6） 7881
81	（9） 891	（9） 1701	（9） 2511	（9） 3321	（9） 4131	（9） 4941	（9） 5751	（9） 6561	（9） 7371	（9） 8181	（9） 8991
91	（2） 1001	（3） 1911	（4） 2821	（5） 3731	（6） 4641	（7） 5551	（8） 6461	（9） 7371	（1） 8281	（2） 9191	（3） 10101
101	（4） 1111	（6） 2121	（8） 3131	（1） 4141	（3） 5151	（5） 6161	（7） 7171	（8） 8181	（2） 9191	（4） 10201	（6） 11211
111	（6） 1221	（9） 2331	（3） 3441	（6） 4551	（9） 5661	（3） 6771	（6） 7881	（9） 8991	（3） 10101	（6） 11211	（9） 12321
121	（8） 1331	（3） 2541	（7） 3751	（2） 4961	（6） 6171	（1） 7381	（5） 8591	（9） 9801	（4） 11011	（8） 12221	（3） 13431
131	（1） 1441	（6） 2751	（2） 4061	（7） 5371	（3） 6681	（8） 7991	（4） 9301	（9） 10611	（5） 11921	（1） 13231	（6） 14541
141	（3） 1551	（9） 2961	（6） 4371	（3） 5781	（9） 7191	（6） 8601	（3） 10011	（8） 11421	（2） 12831	（4） 14241	（9） 15651
151	（5） 1661	（3） 3171	（1） 4681	（8） 6191	（6） 7701	（4） 9211	（2） 10721	（9） 12231	（7） 13741	（5） 15251	（3） 16761
161	（7） 1771	（6） 3381	（5） 4991	（4） 6601	（3） 8211	（2） 9821	（1） 11431	（9） 13041	（8） 14651	（7） 16261	（6） 17871
171	（9） 1881	（9） 3591	（9） 5301	（9） 7011	（9） 8721	（9） 10431	（9） 12141	（9） 13851	（9） 15561	（9） 17271	（9） 18981
181	（2） 1991	（3） 3801	（4） 5611	（5） 7421	（6） 9231	（7） 11041	（8） 12851	（9） 14661	（1） 16471	（2） 18281	（3） 20091

③号

表1-17　3氏数族奇合数终端数字和与数尾码图像四
（括号里的数为终端数字和）

A数脉因数＼B因数积C	3	13	23	33	43	53	63	73	83	93	103
11	(6) 33	(8) 143	(1) 253	(3) 363	(5) 473	(7) 583	(9) 693	(2) 803	(4) 913	(6) 1 023	(8) 1 133
21	(9) 63	(3) 273	(6) 483	(9) 693	(3) 903	(6) 1 113	(9) 1 323	(3) 1 533	(6) 1 743	(9) 1 953	(3) 2 163
31	(3) 93	(7) 403	(2) 713	(6) 1 023	(1) 1 333	(5) 1 643	(9) 1 953	(4) 2 263	(8) 2 573	(3) 2 883	(7) 3 193
41	(6) 123	(2) 533	(7) 943	(3) 1 353	(8) 1 763	(4) 2 173	(9) 2 583	(5) 2 993	(1) 3 403	(6) 3 813	(2) 4 223
51	(9) 153	(6) 663	(3) 1 173	(9) 1 683	(6) 2 193	(3) 2 703	(9) 3 213	(6) 3 723	(3) 4 233	(9) 4 743	(6) 5 253
61	(3) 183	(1) 793	(8) 1 403	(6) 2 013	(4) 2 623	(2) 3 233	(9) 3 843	(7) 4 453	(5) 5 063	(3) 5 673	(1) 6 283
71	(6) 213	(5) 923	(4) 1 633	(3) 2 343	(2) 3 053	(1) 3 763	(9) 4 473	(8) 5 183	(7) 5 893	(6) 6 603	(5) 7 313
81	(9) 243	(9) 1 053	(9) 1 863	(9) 2 673	(9) 3 483	(9) 4 293	(9) 5 103	(9) 5 913	(9) 6 723	(9) 7 533	(9) 8 343
91	(3) 273	(4) 1 183	(5) 2 093	(6) 3 003	(7) 3 913	(8) 4 823	(9) 5 733	(1) 6 643	(2) 7 553	(3) 8 463	(4) 9 373
101	(6) 303	(8) 1 313	(1) 2 323	(3) 3 333	(6) 4 343	(7) 5 353	(9) 6 363	(2) 7 373	(4) 8 383	(6) 9 393	(8) 10 403
111	(9) 333	(3) 1 443	(6) 2 553	(9) 3 663	(3) 3 773	(6) 5 883	(9) 6 993	(3) 8 103	(6) 9 213	(9) 10 323	(3) 11 433
121	(3) 363	(7) 1 573	(2) 2 783	(6) 3 993	(1) 5 203	(5) 6 413	(9) 7 623	(4) 8 833	(8) 10 043	(3) 11 253	(7) 12 463
131	(6) 393	(2) 1 703	(7) 3 013	(3) 4 323	(8) 5 633	(4) 6 943	(9) 8 253	(5) 9 563	(1) 10 873	(6) 12 183	(2) 13 493
141	(9) 423	(6) 1 833	(3) 3 243	(9) 4 653	(6) 6 063	(3) 7 473	(9) 8 883	(6) 10 293	(3) 11 703	(9) 13 113	(6) 14 523
151	(3) 453	(1) 1 963	(8) 3 473	(6) 4 983	(4) 6 493	(2) 8 003	(9) 9 513	(7) 11 023	(5) 12 533	(3) 14 043	(1) 15 553
161	(6) 483	(5) 2 093	(4) 3 703	(3) 5 313	(2) 6 923	(1) 8 533	(9) 10 143	(8) 11 753	(7) 13 363	(6) 14 973	(5) 16 583
171	(9) 513	(9) 2 223	(9) 3 933	(9) 5 643	(9) 7 353	(9) 9 063	(9) 10 773	(9) 12 483	(9) 14 193	(9) 15 903	(9) 17 613
181	(3) 543	(4) 2 353	(5) 4 163	(6) 5 973	(7) 7 783	(8) 9 593	(9) 11 403	(1) 13 213	(2) 15 023	(3) 16 833	(4) 18 643

④号

表1-18　3氏数族奇合数终端数字和与数尾码图像五
（括号里的数为终端数字和）

A因数＼B因数	9	19	29	39	49	59	69	79	89	99	109
7	（9）63	（7）133	（5）203	（3）273	（1）343	（8）413	（6）483	（4）553	（2）623	（9）693	（7）763
17	（9）153	（8）323	（7）493	（6）663	（5）833	（4）1003	（3）1173	（2）1343	（1）1513	（9）1683	（8）1853
27	（9）243	（9）513	（9）783	（9）1053	（9）1323	（9）1593	（9）1863	（9）2133	（9）2403	（9）2673	（9）2943
37	（9）333	（1）703	（2）1073	（3）1443	（4）1813	（5）2183	（6）2553	（7）2923	（8）3293	（9）3663	（1）4033
47	（9）423	（2）893	（4）1363	（6）1833	（8）2303	（1）2773	（3）3243	（5）3713	（7）4183	（9）4653	（2）5123
57	（9）513	（3）1083	（6）1653	（9）2223	（3）2793	（6）3363	（9）3933	（3）4503	（6）5073	（9）5643	（3）6231
67	（9）603	（4）1273	（8）1943	（3）2613	（7）3283	（2）3953	（6）4623	（1）5293	（5）5963	（9）6633	（4）7303
77	（9）693	（5）1463	（1）2233	（6）3003	（2）3773	（7）4543	（3）5313	（8）6083	（4）6853	（9）7623	（5）8393
87	（9）783	（6）1653	（3）2523	（9）3393	（6）4263	（3）5133	（9）6003	（6）6873	（3）7743	（9）8613	（6）9483
97	（9）873	（7）1843	（5）2813	（3）3783	（1）4753	（8）5723	（6）6693	（4）7663	（2）8633	（9）9603	（7）10573
107	（9）963	（8）2033	（7）3103	（6）4173	（5）5243	（4）6313	（3）7383	（2）8453	（1）9523	（9）10593	（8）11663
117	（9）1053	（9）2223	（9）3393	（9）4563	（9）5733	（9）6903	（9）8073	（9）9243	（9）10413	（9）11583	（9）12753
127	（9）1143	（1）2413	（2）3683	（3）4953	（4）6223	（5）7493	（6）8763	（7）10033	（8）11303	（9）12573	（1）13843
137	（9）1233	（2）2603	（4）3973	（6）5343	（8）6713	（1）8083	（3）9453	（5）10823	（7）12193	（9）13563	（2）14933
147	（9）1323	（3）2793	（6）4263	（9）5733	（3）7203	（6）8673	（9）10143	（3）11613	（6）13083	（9）14553	（3）16023
157	（9）1413	（4）2983	（8）4553	（3）6123	（7）7693	（2）9263	（6）10833	（1）12403	（5）13973	（9）15543	（4）17113
167	（9）1503	（5）3173	（1）4843	（6）6513	（2）8183	（7）9853	（3）11523	（8）13193	（4）14863	（9）16533	（5）18203
177	（9）1593	（6）3363	（3）5133	（9）6903	（6）8673	（3）10443	（9）12213	（6）13983	（3）15753	（9）17523	（6）19293

⑤号数脉

表1-19　7氏数族奇合数终端数字和与数尾码图像六

（括号里的数为终端数字和）

积C A数脉 因数	B因数 9	19	29	39	49	59	69	79	89	99	109
3	(9) 27	(3) 57	(6) 87	(9) 117	(3) 147	(6) 177	(9) 207	(3) 237	(6) 267	(9) 297	(3) 327
13	(9) 117	(4) 247	(8) 377	(3) 507	(7) 637	(2) 767	(6) 897	(1) 1027	(5) 1157	(9) 1287	(4) 1417
23	(9) 207	(5) 437	(1) 667	(6) 897	(2) 1127	(7) 1357	(3) 1587	(8) 1817	(4) 2047	(9) 2277	(5) 2507
33	(9) 297	(6) 627	(3) 957	(9) 1287	(6) 1617	(3) 1947	(9) 2277	(6) 2607	(3) 2937	(9) 3267	(6) 3597
43	(9) 387	(7) 817	(5) 1247	(3) 1677	(1) 2107	(8) 2537	(6) 2967	(4) 3397	(2) 3827	(9) 4257	(7) 4687
53	(9) 477	(8) 1007	(7) 1537	(6) 2067	(5) 2597	(4) 3127	(3) 3657	(2) 4187	(1) 4717	(9) 5247	(8) 5777
63	(9) 567	(9) 1197	(9) 1827	(9) 2457	(9) 3087	(9) 3717	(9) 4347	(9) 4977	(9) 5607	(9) 6237	(9) 6867
73	(9) 657	(1) 1387	(2) 2117	(3) 2847	(4) 3577	(5) 4307	(6) 5037	(7) 5767	(8) 6497	(9) 7227	(1) 7957
83	(9) 747	(2) 1577	(4) 2407	(6) 3237	(8) 4067	(1) 4897	(3) 5727	(5) 6557	(7) 7387	(9) 8217	(2) 9047
93	(9) 837	(3) 1767	(6) 2697	(9) 3627	(3) 4557	(6) 5487	(9) 6417	(3) 7347	(6) 8277	(9) 9207	(3) 10137
103	(9) 927	(4) 1957	(8) 2987	(3) 4017	(7) 5047	(2) 6077	(6) 7107	(1) 8137	(5) 9167	(9) 10197	(4) 11227
113	(9) 1017	(5) 2147	(1) 3277	(6) 4407	(2) 5537	(7) 6667	(3) 7797	(8) 8927	(4) 10057	(9) 11187	(5) 12317
123	(9) 1107	(6) 2337	(3) 3567	(9) 4797	(6) 6027	(3) 7257	(9) 8487	(6) 9717	(3) 10947	(9) 12177	(6) 13407
133	(9) 1197	(7) 2527	(5) 3857	(3) 5187	(1) 6517	(8) 7847	(6) 9177	(4) 10507	(2) 11837	(9) 13167	(7) 14497
143	(9) 1287	(8) 2717	(7) 4147	(6) 5577	(5) 7007	(4) 8437	(3) 9867	(2) 11297	(1) 12727	(9) 14157	(8) 15587
153	(9) 1377	(9) 2907	(9) 4437	(9) 5967	(9) 7497	(9) 9027	(9) 10557	(9) 12087	(9) 13617	(9) 15147	(9) 16677
163	(9) 1467	(1) 3097	(2) 4727	(3) 6357	(4) 7987	(5) 9617	(6) 11247	(7) 12877	(8) 14507	(9) 16137	(1) 17767
173	(9) 1557	(2) 3287	(4) 5017	(6) 6747	(8) 8477	(1) 10207	(3) 11937	(5) 13667	(7) 15397	(9) 17127	(2) 18857

⑥号

表1-20 7氏数族奇合数终端数字和与数尾码图像七
（括号里的数为终端数字和）

数脉 A因数 \ B因数 积C	7	17	27	37	47	57	67	77	87	97	107
11	(5) 77	(7) 187	(9) 297	(2) 407	(4) 517	(6) 627	(8) 737	(1) 847	(3) 957	(5) 1 067	(7) 1 177
21	(3) 147	(6) 357	(9) 567	(3) 777	(6) 987	(9) 1 197	(3) 1 407	(6) 1 617	(9) 1 827	(3) 2 037	(6) 2 247
31	(1) 217	(5) 527	(9) 837	(4) 1 147	(8) 1 457	(3) 1 767	(7) 2 077	(2) 2 387	(6) 2 697	(1) 3 007	(5) 3 317
41	(8) 287	(4) 697	(9) 1 107	(5) 1 517	(1) 1 927	(6) 2 337	(2) 2 747	(7) 3 157	(3) 3 567	(8) 3 977	(4) 4 387
51	(6) 357	(3) 867	(9) 1 377	(6) 1 887	(3) 2 397	(9) 2 907	(6) 3 417	(3) 3 927	(9) 4 437	(6) 4 947	(3) 5 457
61	(4) 427	(2) 1 037	(9) 1 647	(7) 2 257	(5) 2 867	(3) 3 477	(1) 4 087	(8) 4 697	(6) 5 307	(4) 5 917	(2) 6 527
71	(2) 497	(1) 1 207	(9) 1 917	(8) 2 627	(7) 3 337	(6) 4 047	(5) 4 757	(4) 5 467	(3) 6 177	(2) 6 887	(1) 7 597
81	(9) 567	(9) 1 377	(9) 2 187	(9) 2 997	(9) 3 807	(9) 4 617	(9) 5 427	(9) 6 237	(9) 7 047	(9) 7 857	(9) 8 667
91	(7) 637	(8) 1 547	(9) 2 457	(1) 3 367	(2) 4 277	(3) 5 187	(4) 6 097	(5) 7 007	(6) 7 917	(7) 8 827	(8) 9 737
101	(5) 707	(7) 1 717	(9) 2 727	(2) 3 737	(4) 4 747	(6) 5 757	(8) 6 767	(1) 7 777	(3) 8 787	(5) 9 797	(7) 10 807
111	(3) 777	(6) 1 887	(9) 2 997	(3) 4 107	(6) 5 217	(9) 6 327	(3) 7 437	(6) 8 547	(9) 9 657	(3) 10 767	(6) 11 877
121	(1) 847	(5) 2 057	(9) 3 267	(4) 4 477	(8) 5 687	(3) 6 897	(7) 8 107	(2) 9 317	(6) 10 527	(1) 11 737	(5) 12 947
131	(8) 917	(4) 2 227	(9) 3 537	(5) 4 847	(1) 6 157	(6) 7 467	(2) 8 777	(7) 10 087	(3) 11 397	(8) 12 707	(4) 14 017
141	(6) 987	(3) 2 397	(9) 3 807	(6) 5 217	(3) 6 627	(9) 8 037	(6) 9 447	(3) 10 857	(9) 12 267	(6) 13 677	(3) 15 087
151	(4) 1 057	(2) 2 567	(9) 4 077	(7) 5 587	(5) 7 097	(3) 8 607	(1) 10 117	(8) 11 627	(6) 13 137	(4) 14 647	(2) 16 157
161	(2) 1 127	(1) 2 737	(9) 4 347	(8) 5 957	(7) 7 567	(6) 9 177	(5) 10 787	(4) 12 397	(3) 14 007	(2) 15 617	(1) 17 227
171	(9) 1 197	(9) 2 907	(9) 4 617	(9) 6 327	(9) 8 037	(9) 9 747	(9) 11 457	(9) 13 167	(9) 14 877	(9) 16 587	(9) 18 297
181	(7) 1 267	(8) 3 077	(9) 4 887	(1) 6 697	(2) 8 507	(3) 10 317	(4) 12 127	(5) 13 937	(6) 15 747	(7) 17 557	(8) 19 367

⑦号

表1-21 9氏数族奇合数终端数字和与数尾码图像八

（括号里的数为终端数字和）

数脉 A因数 \ 积C \ B因数	3	13	23	33	43	53	63	73	83	93	103
3	（9）9	（3）39	（6）69	（9）99	（3）129	（6）159	（9）189	（3）219	（6）249	（9）279	（3）309
13	（3）39	（7）169	（2）299	（6）429	（1）559	（5）689	（9）819	（4）949	（8）1079	（3）1209	（7）1339
23	（6）69	（2）299	（7）529	（3）759	（8）989	（4）1219	（9）1449	（5）1679	（1）1909	（6）2139	（2）2369
33	（9）99	（6）429	（3）759	（9）1089	（6）1419	（3）1749	（9）2079	（6）2409	（3）2739	（9）3069	（6）3399
43	（3）129	（1）559	（8）989	（6）1419	（4）1849	（2）2279	（9）2709	（7）3139	（5）3569	（3）3999	（1）4429
53	（6）159	（5）689	（4）1219	（3）1749	（2）2279	（1）2809	（9）3339	（8）3869	（7）4399	（6）4929	（5）5459
63	（9）189	（9）819	（9）1449	（9）2079	（9）2709	（9）3339	（9）3969	（9）4599	（9）5229	（9）5859	（9）6489
73	（3）219	（4）949	（5）1679	（6）2409	（7）3139	（8）3869	（9）4599	（1）5329	（2）6059	（3）6789	（4）7519
83	（6）249	（8）1079	（1）1909	（3）2739	（5）3569	（7）4399	（9）5229	（2）6059	（4）6889	（6）7719	（8）8549
93	（9）279	（3）1209	（6）2139	（9）3069	（3）3999	（6）4929	（9）5859	（3）6789	（6）7719	（9）8649	（3）9579
103	（3）309	（7）1339	（2）2369	（6）3399	（1）4429	（5）5459	（9）6489	（4）7519	（8）8549	（3）9579	（7）10609
113	（6）339	（2）1469	（7）2599	（3）3729	（8）4859	（4）5989	（9）7119	（5）8249	（1）9379	（6）10509	（2）11639
123	（9）369	（6）1599	（3）2829	（9）4059	（6）5289	（3）6519	（9）7749	（6）8979	（3）10209	（9）11439	（6）12669
133	（3）399	（1）1729	（8）3059	（6）4389	（4）5719	（2）7049	（9）8379	（7）9709	（5）11039	（3）12369	（1）13699
143	（6）429	（5）1859	（4）3289	（3）4719	（2）6149	（1）7579	（9）9009	（8）10439	（7）11869	（6）13299	（5）14729
153	（9）459	（9）1989	（9）3519	（9）5049	（9）6579	（9）8109	（9）9639	（9）11169	（9）12699	（9）14229	（9）15759
163	（3）489	（4）2119	（5）3749	（6）5379	（7）7009	（8）8639	（9）10269	（1）11899	（2）13529	（3）15159	（4）16789
173	（6）519	（8）2249	（1）3979	（3）5709	（5）7439	（7）9169	（9）10899	（2）12629	（4）14359	（6）16089	（8）17819

⑧号

表1-22 9氏数族奇合数终端数字和与数尾码图像九

（括号里的数为终端数字和）

积C / B因数 / A因数 / 数脉	7	17	27	37	47	57	67	77	87	97	107
7	(4) 49	(2) 119	(9) 189	(7) 259	(5) 329	(3) 399	(1) 469	(8) 539	(6) 609	(4) 679	(2) 749
17	(2) 119	(1) 289	(9) 459	(8) 629	(7) 799	(6) 969	(5) 1139	(4) 1309	(3) 1479	(2) 1649	(1) 1819
27	(9) 189	(9) 459	(9) 729	(9) 999	(9) 1269	(9) 1539	(9) 1809	(9) 2079	(9) 2349	(9) 2619	(9) 2889
37	(7) 259	(8) 629	(9) 999	(1) 1369	(2) 1739	(3) 2109	(4) 2479	(5) 2849	(6) 3219	(7) 3589	(8) 3959
47	(5) 329	(7) 799	(9) 1269	(2) 1739	(4) 2209	(6) 2679	(8) 3149	(1) 3619	(3) 4089	(5) 4559	(7) 5029
57	(3) 399	(6) 969	(9) 1539	(3) 2109	(6) 2679	(9) 3249	(3) 3819	(6) 4389	(9) 4959	(3) 5529	(6) 6099
67	(1) 469	(5) 1139	(9) 1809	(4) 2479	(8) 3149	(3) 3819	(7) 4489	(2) 5159	(6) 5829	(1) 6499	(5) 7169
77	(8) 539	(4) 1309	(9) 2079	(5) 2849	(1) 3619	(6) 4389	(2) 5159	(7) 5929	(3) 6699	(8) 7469	(4) 8239
87	(6) 609	(3) 1479	(9) 2349	(6) 3219	(3) 4089	(9) 4959	(6) 5829	(3) 6699	(9) 7569	(6) 8439	(3) 9309
97	(4) 679	(2) 1649	(9) 2619	(7) 3589	(5) 4559	(3) 5529	(1) 6499	(8) 7469	(6) 8439	(4) 9409	(2) 10379
107	(2) 749	(1) 1819	(9) 2889	(8) 3959	(7) 5029	(6) 6099	(5) 7169	(4) 8239	(3) 9309	(2) 10379	(1) 11449
117	(9) 819	(9) 1989	(9) 3159	(9) 4329	(9) 5499	(9) 6669	(9) 7839	(9) 9009	(9) 10179	(9) 11349	(9) 12519
127	(7) 889	(8) 2159	(9) 3429	(1) 4699	(2) 5969	(3) 7239	(4) 8509	(5) 9779	(6) 11049	(7) 12319	(8) 13589
137	(5) 959	(7) 2329	(9) 3699	(2) 5069	(4) 6439	(6) 7809	(8) 9179	(1) 10549	(3) 11919	(5) 13289	(7) 14659
147	(3) 1029	(6) 2499	(9) 3969	(3) 5439	(6) 6909	(9) 8379	(3) 9849	(6) 11319	(9) 12789	(3) 14259	(6) 15729
157	(1) 1099	(5) 2669	(9) 4239	(4) 5809	(8) 7379	(3) 8949	(7) 10519	(2) 12089	(6) 13659	(1) 15229	(5) 16799
167	(8) 1169	(4) 2839	(9) 4509	(5) 6179	(1) 7849	(6) 9519	(2) 11189	(7) 12859	(3) 14529	(8) 16199	(4) 17869
177	(6) 1239	(3) 3009	(9) 4779	(6) 6549	(3) 8319	(9) 10089	(6) 11859	(3) 13629	(9) 15399	(6) 17169	(3) 18939

⑨号

表1-23　9氏数族奇合数终端数字和与数尾码图像十

（括号里的数为终端数字和）

积C B因数 / A因数 数脉	9	19	29	39	49	59	69	79	89	99	109
11	（9）99	（2）209	（4）319	（6）429	（8）539	（1）649	（3）759	（5）869	（7）979	（9）1089	（2）1199
21	（9）189	（3）399	（6）609	（9）819	（3）1029	（6）1239	（9）1449	（3）1659	（6）1869	（9）2079	（3）2289
31	（9）279	（4）589	（8）899	（3）1209	（7）1519	（2）1829	（6）2139	（1）2449	（5）2759	（9）3069	（4）3379
41	（9）369	（5）779	（1）1189	（6）1599	（2）2009	（7）2419	（3）2829	（8）3239	（4）3649	（9）4059	（5）4469
51	（9）459	（6）969	（3）1479	（9）1989	（6）2499	（3）3009	（9）3519	（6）4029	（3）4539	（9）5049	（6）5559
61	（9）549	（7）1159	（5）1769	（3）2379	（1）2989	（8）3599	（6）4209	（4）4819	（2）5429	（9）6039	（7）6649
71	（9）639	（8）1349	（7）2059	（6）2769	（5）3479	（4）4189	（3）4899	（2）5609	（1）6319	（9）7029	（8）7739
81	（9）729	（9）1539	（9）2349	（9）3159	（9）3969	（9）4779	（9）5589	（9）6399	（9）7209	（9）8019	（9）8829
91	（9）819	（1）1729	（2）2639	（3）3549	（4）4459	（5）5369	（6）6279	（7）7189	（8）8099	（9）9009	（1）9919
101	（9）909	（2）1919	（4）2929	（6）3939	（8）4949	（1）5959	（3）6969	（5）7979	（7）8989	（9）9999	（2）11009
111	（9）999	（3）2109	（6）3219	（9）4329	（3）5439	（6）6549	（9）7659	（3）8769	（6）9879	（9）10989	（3）12099
121	（9）1089	（4）2299	（8）3509	（3）4719	（7）5929	（2）7139	（6）8349	（1）9559	（5）10769	（9）11979	（4）13189
131	（9）1179	（5）2489	（1）3799	（6）5109	（2）6419	（7）7729	（3）9039	（8）10349	（4）11659	（9）12969	（5）14279
141	（9）1269	（6）2679	（3）4089	（9）5499	（6）6909	（3）8319	（9）9729	（6）11139	（3）12549	（9）13959	（6）15369
151	（9）1359	（7）2869	（5）4379	（3）5889	（1）7399	（8）8909	（6）10419	（4）11929	（2）13439	（9）14949	（7）16459
161	（9）1449	（8）3059	（7）4669	（6）6279	（5）7889	（4）9499	（3）11109	（2）12719	（1）14329	（9）15939	（8）17549
171	（9）1539	（9）3249	（9）4959	（9）6669	（9）8379	（9）10089	（9）11799	（9）13509	（9）15219	（9）16929	（9）18639
181	（9）1629	（1）3439	（2）5249	（3）7059	（4）8869	（5）10679	（6）12489	（7）14299	（8）16109	（9）17919	（1）19729

⑩号

第四节 奇质数的再认识

除了1和本身以外，没有别的因数的数就是质数。

奇质数分为1，3，5，7，9氏数族奇质数五类，其中5氏数族奇质数只有1个"5"，其他四类奇质数都是无穷尽的。

表1–24是用终端数字和的观念来审视1000以内的质、合数分布情况。

表1-24 1000以内质、合数分布图谱 图例：质数▲

终端数字和	1	2	3	4	5	6	7	8	9
	1	2▲	3▲	4	5▲	6	7▲	8	9
	10	11▲	12	13▲	14	15	16	17▲	18
	19▲	20	21	22	23▲	24	25	26	27
	28	29▲	30	31▲	32	33	34	35	36
	37▲	38	39	40	41▲	42	43▲	44	45
	46	47▲	48	49	50	51	52	53▲	54
	55	56	57	58	59▲	60	61▲	62	63
	64	65	66	67▲	68	69	70	71▲	72
	73▲	74	75	76	77	78	79▲	80	81
	82	83▲	84	85	86	87	88	89▲	90
自然数	91	92	93	94	95	96	97▲	98	99
	100	101▲	102	103▲	104	105	106	107▲	108
	109▲	110	111	112	113▲	114	115	116	117
	118	119	120	121	122	123	124	125	126
	127▲	128	129	130	131▲	132	133	134	135
	136	137▲	138	139▲	140	141	142	143	144
	145	146	147	148	149▲	150	151▲	152	153
	154	155	156	157▲	158	159	160	161	162
	163▲	164	165	166	167▲	168	169	170	171
	172	173▲	174	175	176	177	178	179▲	180
	181▲	182	183	184	185	186	187	188	189
	190	191▲	192	193▲	194	195	196	197▲	198
	199▲	200	201	202	203	204	205	206	207
	208	209	210	211▲	212	213	214	215	216

续上表

终端数字和	1	2	3	4	5	6	7	8	9
	217	218	219	220	221	222	223▲	224	225
	226	227▲	228	229▲	230	231	232	233▲	234
	235	236	237	238	239▲	240	241▲	242	243
	244	245	246	247	248	249	250	251▲	252
	253	254	255	256	257▲	258	259	260	261
	262	263▲	264	265	266	267	268	269▲	270
	271▲	272	273	274	275	276	277▲	278	279
	280	281▲	282	283▲	284	285	286	287	288
	289	290	291	292	293▲	294	295	296	297
	298	299	300	301	302	303	304	305	306
	307▲	308	309	310	311▲	312	313▲	314	315
	316	317▲	318	319	320	321	322	323	324
	325	326	327	328	329	330	331▲	332	333
	334	335	336	337▲	338	339	340	341	342
	343	344	345	346	347▲	348	349▲	350	351
自	352	353▲	354	355	356	357	358	359▲	360
然	361	362	363	364	365	366	367▲	368	369
数	370	371	372	373▲	374	375	376	377	378
	379▲	380	381	382	383▲	384	385	386	387
	388	389▲	390	391	392	393	394	395	396
	397▲	398	399	400	401▲	402	403	404	405
	406	407	408	409▲	410	411	412	413	414
	415	416	417	418	419▲	420	421▲	422	423
	424	425	426	427	428	429	430	431▲	432
	433▲	434	435	436	437	438	439▲	440	441
	442	443▲	444	445	446	447	448	449▲	450
	451	452	453	454	455	456	457▲	458	459
	460	461▲	462	463▲	464	465	466	467▲	468
	469	470	471	472	473	474	475	476	477
	478	479▲	480	481	482	483	484	485	486
	487▲	488	489	490	491▲	492	493	494	495
	496	497	498	499▲	500	501	502	503▲	504
	505	506	507	508	509▲	510	511	512	513
	514	515	516	517	518	519	520	521▲	522
	523▲	524	525	526	527	528	529	530	531

续上表

终端数字和	1	2	3	4	5	6	7	8	9
	532	533	534	535	536	537	538	539	540
	541▲	542	543	544	545	546	547▲	548	549
	550	551	552	553	554	555	556	557▲	558
	559	560	561	562	563▲	564	565	566	567
	568	569▲	570	571▲	572	573	574	575	576
	577▲	578	579	580	581	582	583	584	585
	586	587▲	588	589	590	591	592	593▲	594
	595	596	597	598	599▲	600	601▲	602	603
	604	605	606	607▲	608	609	610	611	612
	613▲	614	615	616	617▲	618	619▲	620	621
	622	623	624	625	626	627	628	629	630
	631▲	632	633	634	635	636	637	638	639
	640	641▲	642	643▲	644	645	646	647▲	648
	649	650	651	652	653▲	654	655	656	657
	658	659▲	660	661▲	662	663	664	665	666
自然数	667	668	669	670	671	672	673▲	674	675
	676	677▲	678	679	680	681	682	683▲	684
	685	686	687	688	689	690	691▲	692	693
	694	695	696	697	698	699	700	701▲	702
	703	704	705	706	707	708	709▲	710	711
	712	713	714	715	716	717	718	719▲	720
	721	722	723	724	725	726	727▲	728	729
	730	731	732	733▲	734	735	736	737	738
	739▲	740	741	742	743▲	744	745	746	747
	748	749	750	751▲	752	753	754	755	756
	757▲	758	759	760	761▲	762	763	764	765
	766	767	768	769▲	770	771	772	773▲	774
	775	776	777	778	779	780	781	782	783
	784	785	786	787▲	788	789	790	791	792
	793	794	795	796	797▲	798	799	800	801
	802	803	804	805	806	807	808	809▲	810
	811▲	812	813	814	815	816	817	818	819
	820	821▲	822	823▲	824	825	826	827▲	828
	829▲	830	831	832	833	834	835	836	837
	838	839▲	840	841	842	843	844	845	846

终端数字和	1	2	3	4	5	6	7	8	9
	847	848	849	850	851	852	853▲	854	855
	856	857▲	858	859▲	860	861	862	863▲	864
	865	866	867	868	869	870	871	872	873
	874	875	876	877▲	878	879	880	881▲	882
	883▲	884	885	886	887▲	888	889	890	891
	892	893	894	895	896	897	898	899	900
	901	902	903	904	905	906	907▲	908	909
自然数	910	911▲	912	913	914	915	916	917	918
	919▲	920	921	922	923	924	925	926	927
	928	929▲	930	931	932	933	934	935	936
	937▲	938	939	940	941▲	942	943	944	945
	946	947▲	948	949	950	951	952	953▲	954
	955	956	957	958	959▲	960	961	962	963
	964	965	966	967▲	968	969	970	971▲	972
	973	974	975	976	977▲	978	979	980	981
	982	983▲	984	985	986	987	988	989	990
	991▲	992	993	994	995	996	997▲	998	999

比对奇合数属性和以上直观图示，可以深化对质数的认识。

（1）在自然数、数族数列系统里，质数的分布都是无序的。

（2）1氏数族所有奇质数都不可以用3个1氏数族奇合数生成式中的任何一个生成式表示之。

3氏数族所有奇质数都不可以用2个3氏数族奇合数生成式中的任何一个生成式表示之。

7氏数族所有奇质数都不可以用2个7氏数族奇合数生成式中的任何一个生成式表示之。

9氏数族所有奇质数都不可以用3个9氏数族奇合数生成式中的任何一个生成式表示之。

（3）1氏数族所有奇质数的数序码与任何A因数若干倍的差，都不等于这个A因数下的奇合数等差数列的起始数的数序码。

3氏数族所有奇质数的数序码与任何A因

数下的奇合数等差数列的起始数的数序码。

7氏数族所有奇质数的数序码与任何A因数若干倍的差，都不等于这个A因数下的奇合数等差数列的起始数的数序码。

9氏数族所有奇质数的数序码与任何A因数若干倍的差，都不等于这个A因数下的奇合数等差数列的起始数的数序码。

（4）质数与终端数字和无关，与数序密切相关。

（5）所有奇质数都是不显露的表外奇数。

奇质数是一类个性不太突现的自然数，完全揭开它的面纱有待于人们的继续探索。

第五节　奇合数的另类判别方法

不少的数学课上，老师们常说：判别一个奇数是合数还是质数，就是看被判别数是不是含有11，31，41，… 或3，13，23，… 或7，17，37，… 或19，29，59，… 等质数，含有某个质数的奇数就是合数。显然，这样的说法既有悖于数学的准确性，又使得合、质数判别方法乏化，增大复杂性。诚然，在没有明白奇合数的渊源脉络之前，这种说法也是情有可原的。由奇合数生成数表可以看到，1氏数族的奇合数可以看成只与（3+10m），（9+10m），（11+10m）等A因数相关，不必提及（7+10m）这类B因数；3氏数族的奇合数看成只与（11+10m），（7+10m）等两类A因数相关；7氏数族的奇合数看成只与（3+10m），（11+10m）等两类A因数相关；9氏数族的奇合数看成只与（3+10m），（7+10m），（11+10m）等三类A因数相关。倘若能够分门别类地表述奇合数的判别方法，那么奇合数的判别过程就会变得相对简单些。

前述1，3，7，9氏数族奇合数生成式及其变式，都称为**奇合数判别式**。

判别奇合数是根据奇合数的意义、性质作出判断的思维活动。奇合数自身特征性质的多样性，决定了奇合数判别方法的多样性。下面，介绍其中的六种方法。

1. 数序码表达式计算法

就是通过上一节提出的相关数序码表达式的计算结果与给定奇数的比对，

来辨析该奇数是合数还是质数。这种判别方法，通常有两种具体做法：

一是根据判别式先满足a_1（起始数）之条件，再看数距长度能否被相应的A因数整除。例如，判别"7313"这个数时，先由它的数族号找出（3+3m）+（11+10m）n，（6+9m）+（7+10m）n这两个数序码表达式，并择取被判别数的数序码"731"。接下来，根据前一个判别式依次做如下计算（A因数属含有因数3的除外）：

（731－3）÷11，不能整除；

（731－9）÷31，不能整除；

（731－12）÷41，不能整除；

（731－18）÷61，不能整除；

（731－21）÷71=10，此时说明"7313"是合数。

二是先从被判别数的数序码里减去相应大小的n个A因数长度常数，再看这个差是否与某个a_1相同。

为了便于使用这种辨别方法，作者编写了"n个A因数长度通用常数表"（见表1-25~表1-28）。"n个A因数长度通用常数表"中同一A因数下的10个常数，可以通过乘、加运算求得无穷n个A因数长度。没有列出的A因数代数式及其相应的n个A因数长度，则要根据辨析需要即时列举出来。很显然，"n个A因数长度"其实就是数距长度。

例如辨析"10019"时，先取"10019"的数序码"1001"和通用常数表一（表1-25）。接着边摘录a_1、A因数边试算：

a_1	A因数	$S-S_1$
3	13	1001－130×7=1001－910=91≠3
6	23	1001－230×4=1001－920=81≠6
12	43	1001－430×20=1001－860=141，141－43×3=12

此时，做出"10019"是合数的认定。很显然，首先从被判别数的数序码里一次或分次减去n个A因数的和直至接近a_1的做法较为简便。

表1-25 n个A因数长度通用常数表一

A因数代数式	n个A因数长度S_1									
$3n$	3	6	9	12	15	18	21	24	27	30
$13n$	13	26	39	52	65	78	91	104	117	130
$23n$	23	46	69	92	115	138	161	184	207	230
$33n$	33	66	99	132	165	198	231	264	297	330
$43n$	43	86	129	172	215	258	301	344	387	430
$53n$	53	106	159	212	265	318	371	424	477	530
$63n$	63	126	189	252	315	378	441	524	567	630
$73n$	73	146	219	292	365	438	511	584	657	730
$83n$	83	166	249	332	415	498	581	664	747	830
$93n$	93	186	279	372	465	558	651	744	837	930

表1-26 n个A因数长度通用常数表二

A因数代数式	n个A因数长度S_1									
$9n$	9	18	27	36	45	54	63	72	81	90
$19n$	19	38	57	76	95	114	133	152	171	190
$29n$	29	58	87	116	145	174	203	232	261	290
$39n$	39	78	117	156	195	234	273	312	351	390
$49n$	49	98	147	196	245	294	343	392	441	490
$59n$	59	118	177	236	295	354	413	472	531	590
$69n$	69	138	207	276	345	414	483	552	621	690
$79n$	79	158	237	316	395	474	553	632	711	790
$89n$	89	178	267	356	445	534	623	712	801	890
$99n$	99	198	297	396	495	594	693	792	891	990

表1-27 n个A因数长度通用常数表三

A因数代数式	n个A因数长度S_1									
$11n$	11	22	33	44	55	66	77	88	99	110
$21n$	21	42	63	84	105	126	147	168	189	210
$31n$	31	62	93	124	155	186	217	248	279	310
$41n$	41	82	123	164	205	246	287	328	369	410
$51n$	51	102	153	204	255	306	357	408	459	510
$61n$	61	122	183	244	305	366	427	488	549	610
$71n$	71	142	213	284	355	426	497	568	639	710
$81n$	81	162	243	324	405	486	567	648	729	810
$91n$	91	182	273	364	455	546	637	728	819	910
$101n$	101	202	303	404	505	606	707	808	909	1010

表1-28　n个A因数长度通用常数表四

A因数代数式	n个A因数长度S_1									
$7n$	7	14	21	28	35	42	49	56	63	70
$17n$	17	34	51	68	85	102	119	136	153	170
$27n$	27	54	81	108	135	162	189	216	243	270
$37n$	37	74	111	148	185	222	259	296	333	370
$47n$	47	94	141	188	235	282	329	376	423	470
$57n$	57	114	171	228	285	342	399	456	513	570
$67n$	67	134	201	268	335	402	469	536	603	670
$77n$	77	154	231	308	385	462	539	616	693	770
$87n$	87	174	261	348	435	522	609	696	783	870
$97n$	97	194	291	388	485	582	679	776	873	970

2. 分别终端数字和的数序码表达式计算法

分别终端数字和，通常有两种做法，一是区分为1，4，7与2，5，8两类；二是区分为1，2，4，5，7，8六类。后面的"终端数字和区分为两类的数序码表达式"是将终端数字和与数序码综合编写的式子。由于这些式子都剔除了含有因数3即终端数字和为3，6，9的奇合数，因而共有40个表达式。

分别终端数字和的数序码表达式计算法，就是通过对数序码表达的奇合数等差数列通式$c=a_1+nd$的变式$nd=c-a_1$的计算进而判别合数的做法。这是根据奇合数的次第位置判别奇合数的方法。由于这些通式中的a_1都是用数序码与终端数字和表示的，因而实际判别时要分五步走。第一步，概括出分别终端数字和的数序码表达式；第二步，认定被判别数的数族、数序码，计算出终端数字和；第三步，找到相应的数序码表达式；第四步，试算；第五步，作出判断。

例如判别"3611"这个数时，首先概括并编排出后面的"终端数字和区分为二类的数序码表达式"，接着审视被判别数，看出它是1氏数族里的数序码为"361"的一个数，其终端数字和是"2"，确定先用（22+51m）+（13+30m）×3n来判别。

实际判别时，宜先在草稿纸上列举出由判别式得出的a_1，（$N-a_1$），A因数等三个项目的相应数据，再计算（$N-a_1$）能否被相应的A因数整除。

被判别数N	a_1	（$N-a_1$）	A因数	能否整除
361	22	339	13	不能
361	73	288	43	不能

361	124	237	73	不能
361	175	186	103	不能
361	226	135	133	不能

接着，用（16+21m）+（23+30m）×3n来判断。

被判别数N	a_1	（$N-a_1$）	A因数	能否整除
361	16	345	23	能

此时，作出"3611"是合数的判断。

计算（$N-a_1$）的差能否被相应的A因数整除时，可用A因数去除（$N-a_1$）的某个相应补数。如看339能不能被13整除，则用13的30倍减去339的差去除以13，即（13×30−339）÷13=51÷13，显然不能整除。

上述演算中的每组相对应的数，应一组一组地进行，计算到何组对应数为止，要根据自然数的整除性做判断。

很显然，判别某个较大质数的演算过程一定是漫长的。

如果将奇合数数量关系抽象、概括成终端数字和区分为1，2，4，5，7，8六类的数序码表达式，那么表达式会多出许多，但判别过程能够更精准（表1-29）。

表1-29 终端数字和区分为两类的数序码表达式

代数式 ＼ 终端数字和 ＼ 数族	1，4，7	2，5，8
1氏	（9+21m）+（13+30m）×3n （39+51m）+（23+30m）×3n （36+57m）+（19+30m）×3n （84+87m）+（29+30m）×3n （12+33m）+（11+30m）×3n （96+93m）+（31+30m）×3n	（22+51m）+（13+30m）×3n （16+21m）+（23+30m）×3n （55+87m）+（19+30m）×3n （55+57m）+（29+30m）×3n （34+93m）+（11+30m）×3n （34+33m）+（31+30m）×3n
3氏	（25+69m）+（11+30m）×3n （40+39m）+（31+30m）×3n （13+57m）+（7+30m）×3n （49+87m）+（17+30m）×3n	（14+39m）+（11+30m）×3n （71+69m）+（31+30m）×3n （20+87m）+（7+30m）×3n （32+57m）+（17+30m）×3n
7氏	（24+57m）+（13+30m）×3n （66+87m）+（23+30m）×3n （21+21m）+（31+30m）×3n （18+51m）+（11+30m）×3n	（37+87m）+（13+30m）×3n （43+57m）+（23+30m）×3n （52+51m）+（31+30m）×3n （7+21m）+（11+30m）×3n

续上表

代数式＼终端数字和＼数族	1，4，7	2，5，8
9氏	（16+39m）+（13+30m）×3n	（29+69m）+（13+30m）×3n
9氏	（52+69m）+（23+30m）×3n	（29+39m）+（23+30m）×3n
9氏	（4+21m）+（7+30m）×3n	（11+51m）+（7+30m）×3n
9氏	（28+51m）+（17+30m）×3n	（11+21m）+（17+30m）×3n
9氏	（31+87m）+（11+30m）×3n	（20+57m）+（11+30m）×3n
9氏	（58+57m）+（31+30m）×3n	（89+87m）+（31+30m）×3n

3. 图形法

同一个数脉里，奇合数与母数的位置关系有三种：①在同一垂线上；②在同一横线上；③在不同直角三角形的斜边上。如1氏数族奇合数生成数表一（表1-2）里，91、161、231三个数与母数21在同一条垂线上，51、81、111三个数与21在同一条横线上，221、351、391、621等数分别在不同直角三角形的斜边上（如图1-1所示）。

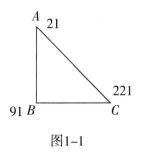

图1-1

在这样的直角三角形中，AB的长度是指与母数在同一垂线上的某个奇合数的差，也就是mb（b为与母数相对应的B因数），BC的长度为na（a指相应的A因数），则$AC=mb+na$。

用图形法判别奇合数，一般分两步进行。第一步，分别在垂线和横线上寻找给定的奇合数。例如，判别"3 151"这个数是不是合数时，先根据母数21所在的垂线进行相关计算：（315-2）÷7，结果不能整除，即是说该垂线数列里没有3 151这个数。由于母数21所在横线上的数列是含有因数3的纯净奇合数等差数列，无须再去寻其非3奇合数。第二步，在斜边上寻找要判别的数。具体做法是对等式$mb+na$=315-2=313做尝试性计算，看看m、b、n、a分别为多少时等式成立。经分析、试算，得出7×2+23×13=313，于是作出"3 151"是1氏数族A因数23下奇合数等差数列里的一个非3奇合数的认定，即3 151是合数的判断。

当被判别数与第一个母数进行以上过程的比对、计算后不能认定其是合数时，则要将这个被判别数分别与第二、第三个母数做同样过程的比对、计算。如果某个被判别数与相应的所有母数比对、计算后都不能认定其是合数，那么这个被判别数一定是质数。

4. 逆推探寻两个因数的方法

就是根据奇合数可以表示为两数积的性质，对给定数施行分析、演算去辨析是不是奇合数的做法。

具体采用逆推探寻两个因数的方法之前，先要把握以下运用乘法分配律将奇合数表示为相应两个因数积的过程的四个特性。

（1）先列出A因数个位上的数字和B因数个位上的数字相乘的式子，这个式子为第四个加式。

（2）列出A因数个位上的数字与B因数个位上的数字除外的整十数相乘的式子，这个式子为第三个加式。此时，第三、第四个加式的公因数是——A因数个位上的数字。

（3）列出A因数个位上的数字除外的整十数与B因数个位上的数字相乘的式子，这个式子为第二个加式。

（4）列出A因数个位上的数字除外的整十数与B因数个位上的数字除外的整十数相乘的式子，这个式子为第一个加式。此时，第一、第二个加式的公因数是A因数个位上的数字除外的整十数，且它们的另一个因数与第三、第四个加式非公因数的另一个因数又是公因数。

例如，被判别数11449，假设它是⑧号数脉里的奇合数，于是想到第四个加式应是3×3。由"3"想到第三个加式可能是3×100，那么第二个加式则为100×3，第一个加式为100×100。再计算$100 \times 100 + 100 \times 3 + 3 \times 100 + 3 \times 3 = （100 \times 100 + 100 \times 3）+（3 \times 100 + 3 \times 3）= 100 \times 103 + 3 \times 103 = 103 \times 103 = 10609$，即说11449不是⑧号数脉里的奇合数。

接下来，假设11449是⑨号数脉里的奇合数，于是先想到7×7的式子，进一步思考计算得出$7 \times 7 + 7 \times 100 + 100 \times 7 +（7 \times 7 + 7 \times 100）+（100 \times 7 + 100 \times 100）= 7 \times（7 + 100）+ 100 \times（7 + 100）= 107 \times 107 = 11449$，也就是说11449是合数。

这种判别方法是直接就数论数的做法，比较起来这种方法相对简便些。

5．筛选法

10个奇合数生成式就像一把筛子，它们算出来的奇合数犹如是被筛出来的数，未能算出的质数看成是筛子下的数。借助10个奇合数生成式的筛子作用，可以实现判别奇合数与质数的目的。

用筛选法判别奇合数与质数的方法一般分为四步：第一步，由给定的被判别数确定选用的相应奇合数生成式；第二步，由奇合数生成式计算出比被判别数稍微大些的所有奇合数；第三步，将被判别数与计算出来的奇合数做对比；第四步，做出判断。如果算出来的奇合数中有被判别数这个数，作出被判别数是合数的认定，否则被判别数为质数。例如判别"857"数时，就可以从7氏数族奇合数生成数表六（表1-7）、七（表1-8）中看出"857"是个质数。

如果被判别数比较大，则不宜采用筛选法。

奇合数判别式也是筛子，由奇合数判别式可以直接筛选出质数。

6．扩倍转化法

所谓扩倍转化法，简单地说就是通过对1，3，7，9氏数族的所有奇合数分别扩大若干倍后的相应合数的辨析，来判别未扩倍前的奇合数的做法。扩倍前的奇合数简称为**扩前奇合数**，扩倍后还是奇合数的简称为**扩后奇合数**，扩倍后是偶数的简称为**扩后偶合数**。扩后奇合数所属数族，称为**变式数族**。

下面，先以1氏数族奇合数变换为例，说说它的判别过程。

第一步，扩倍确认。将1氏数族奇合数生成数表一（表1-2）、二（表1-3）、三（表1-4）中的所有A因数都扩大3倍，所有的B因数不变，则1氏数族的所有奇合数都变换为变式3氏数族奇合数。

第二步，明确扩后奇合数的身份、数量关系。扩后奇合数变成了变式3氏数族奇合数，它们可用（$3+30m$）表示。扩后奇合数的终端数字和是：$3 \times 3 \doteq 3 \times 6 \doteq 3 \times 9 \doteq 9$，$1 \times 3 \doteq 4 \times 3 \doteq 7 \times 3 \doteq 3$，$2 \times 3 \doteq 5 \times 3 \doteq 8 \times 3 \doteq 6$。扩后奇合数的数量关系如表1-30各式所示。

表1–30

终端数字和	3	6
数量关系	（273+630m）+（13+30m）×90n （1173+1530m）+（23+30m）×90n （1083+1710m）+（19+30m）×90n （2523+2610m）+（29+30m）×90n （363+990m）+（11+30m）×90n （2883+2790m）+（31+30m）×90n	（663+1530m）+（13+30m）×90n （483+630m）+（23+30m）×90n （1653+2610m）+（19+30m）×90n （1653+1710m）+（29+30m）×90n （1023+2790m）+（11+30m）×90n （1023+990m）+（31+30m）×90n

上表中的式子统称为**扩后奇合数判别式**。

第三步，将给定的奇数扩大3倍转化为变式3氏数族奇合数，并根据扩后奇合数判别式辨析扩后奇数里终端数字和为"3"的即（3+90m）的奇数与终端数字和为"6"的即（33+90m）的奇数分别是表内数还是表外数。

第四步，将扩后奇数还原为扩前奇数，并根据第三步的判断对扩前奇数作出相应认定。

很显然，这种将1氏数族奇合数扩大3倍的转化法，可以使被判别数单纯化——只判别终端数字和为"3"与"6"的奇合数，这是其一。

其二，对照所有终端数字和为"3"的扩后奇合数判别式的前一个加式273+630m，1173+1530m，1083+1710m，2523+2610m，363+990m、2883+2790m等，可以较快地找到表外奇数：即终端数字和为"3"的93，183，453，543，633，723等，将其还原即指31，61，151，181，211，241等数是质数。

由10个"奇合数生成数表"可以看出，1000个奇合数就有1000种生成方式。因而不管用何种方法去判别一个比较大的非3奇数是合数还是质数，其过程都是冗长而繁琐的。如果质数具有某种深层次规律性且被人们所认识，只有这样才能实现直接、简便判别合、质数的目标。

第二章　获取完全数的新方法

完全数问题，古老、独特、神奇、迷人。

两千多年来，数学家们一直未停止过对完全数的研究。他们的主要研究成果是：提出了完全数的初步意义，总结了完全数的性质，给出了一个获取完全数的方法，发现了48个完全数。但是，获取完全数的进程乏力而缓慢。

当今研究完全数问题的主要目的，就是要找出比前人提出的那个获取完全数方法更为明白、精准的方法来。在这一章里，将进一步认识完全数，并找到更加有效获取完全数的做法。

第一节　完全数的认识

所谓完全数，义务教育课程标准实验教科书五年级下册《数学》是这样描述的：6的因数有1，2，3，6，这几个因数的关系是1+2+3＝6。像6这样的数，叫作**完全数**（也叫完美数）。进一步地说，就是各个小于它的约数（真约数）的和等于它本身的自然数叫**完全数**。

下面，从完全数的来路角度进一步认识它。请先看四个偶完全数分解因数的过程：

例1
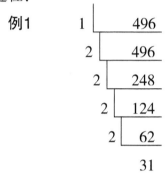

分步求因数和：

① 1+2+4+8+16=31

② 31+62+124+248=465

③ 31+465=496

例2
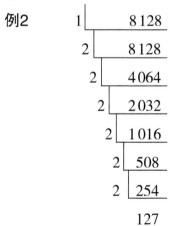

分步求因数和：

① 1+2+4+8+16+32+64=127

② 127+254+508+1 016+2 032+4 064=8 001

③ 127+8 001=8 128

例3

1	33 550 336	33 550 336的因数有：
2	33 550 336	1 × 33 550 336=33 550 336
2	16 775 168	2 × 16 775 168=33 550 336
2	8 387 584	4 × 8 387 584=33 550 336
2	4 193 792	8 × 4 193 792=33 550 336
2	2 096 896	16 × 2 096 896=33 550 336
2	1 048 448	32 × 1 048 448=33 550 336
2	524 224	64 × 524 224=33 550 336
2	262 112	128 × 262 112=33 550 336
2	131 056	256 × 131 056=33 550 336
2	65 528	512 × 65 528=33 550 336
2	32 764	1 024 × 32 764=33 550 336
2	16 382	2 048 × 16 382=33 550 336
	8 191	4 096 × 8 191=33 550 336

分步求因数和：

① 1+2+4+8+16+32+64+128+256+512+1 024+2 048+4 096=8 191

② 8 191+16 382+32 764+65 528+131 056+262 112+524 224+1 048 448+

2 096 896+4 193 792+8 387 584+16 775 168=33 542 145

③ 8 191+33 542 145=33 550 336

例4

1	137 438 691 328	137 438 691 328的因数有：
2	137 438 691 328	1 × 137 438 691 328= 137 438 691 328
2	68 719 345 664	2 × 68 719 345 664= 137 438 691 328
2	34 359 672 832	4 × 34 359 672 832= 137 438 691 328
2	17 179 836 416	8 × 17 179 836 416= 137 438 691 328
2	8 589 918 208	16 × 8 589 918 208= 137 438 691 328
2	4 294 959 104	32 × 4 294 959 104= 137 438 691 328
2	2 147 479 552	64 × 2 147 479 552= 137 438 691 328

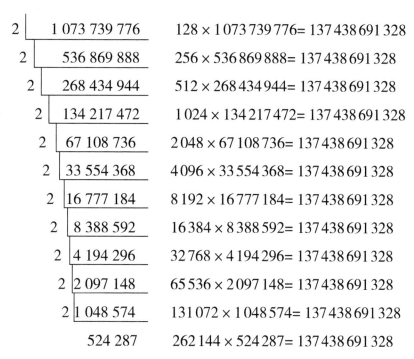

2	1 073 739 776	128×1 073 739 776= 137 438 691 328
2	536 869 888	256×536 869 888= 137 438 691 328
2	268 434 944	512×268 434 944= 137 438 691 328
2	134 217 472	1 024×134 217 472= 137 438 691 328
2	67 108 736	2 048×67 108 736= 137 438 691 328
2	33 554 368	4 096×33 554 368= 137 438 691 328
2	16 777 184	8 192×16 777 184= 137 438 691 328
2	8 388 592	16 384×8 388 592= 137 438 691 328
2	4 194 296	32 768×4 194 296= 137 438 691 328
2	2 097 148	65 536×2 097 148= 137 438 691 328
2	1 048 574	131 072×1 048 574= 137 438 691 328
	524 287	262 144×524 287= 137 438 691 328

分步求因数和：

① 1+2+4+8+16+32+64+128+256+512+1 024+2 048+4 096+8 192+16 384+
32 768+65 536+131 072+262 144=524 287

② 524 287+1 048 574+2 097 148+4 194 296+8 388 592+16 777 184+
33 554 368+ 67 108 736+134 217 472+268 434 944+536 869 888+
1 073 739 776+2 147 479 552+ 4 294 959 104+8 589 918 208+
17 179 836 416+34 359 672 832+68 719 345 664 =137 438 167 041

③ 524 287+137 438 167 041=137 438 691 328

如上例1中的496是被2分4次连续整除的，例2中的8 128是被2分6次连续整除的，例3中33 550 336是被2分12次连续整除的，例4中137 438 691 328是被2分18次连续整除的。于是说，能够被因数 2 分偶数次整除，且商为质数的偶数就是完全数。

例1中的248，124，62，例2中的4 064，2 032，1 016，508，254这些数都具有双重性：既是上一个数的商，又是下一个数的被除数。为了下文述说的方便，管这样的数为"过程商"，31、127则叫作"终结商"。

由完全数的含义，可以建构以下判定定理：

偶完全数判定定理1：2^0，2^1，2^2，…，2^n依次去除任意大于4的偶数直到不能被2^n整除为止，如果所有除数的和是质数且与终结商相等，那么这个偶数必定是完全数。

证明：令这个偶数为m，依题设分析如下：

当$n=0$，即$2^0=1$时，则第一个除数是2^0，此时的过程商为$m \div 2^0 = \dfrac{m}{2^0}$

当$n=1$，即$2^1=2$时，则第二个除数是2^1，此时的过程商为$m \div 2^1 = \dfrac{m}{2^1}$

当$n=2$，即$2^2=4$时，则第三个除数是2^2，此时的过程商为$m \div 2^2 = \dfrac{m}{2^2}$

当$n=3$，即$2^3=8$时，则第四个除数是2^3，此时的过程商为$m \div 2^3 = \dfrac{m}{2^3}$

…

当最后一个除数为2^n时，则终结商是$\dfrac{m}{2^n}$。根据终结商$\dfrac{m}{2^n}$，可知最后的过程商是$\dfrac{m}{2^{n-1}}$。

由以上分析，能够求出所有过程商的和，即

$$\dfrac{m}{2^1} + \dfrac{m}{2^2} + \dfrac{m}{2^3} + \cdots + \dfrac{m}{2^{n-1}}$$

$$= m \left(\dfrac{1}{2^1} + \dfrac{1}{2^2} + \cdots + \dfrac{1}{2^{n-1}} \right)$$

$$= m \cdot \dfrac{\dfrac{1}{2} \left[1 - \left(\dfrac{1}{2} \right)^{n-1} \right]}{1 - \dfrac{1}{2}}$$

$$= m \left[1 - \left(\dfrac{1}{2} \right)^{n-1} \right]$$

由题设"所有除数的和与终结商相等"，有：$1+2+4+8+\cdots+2n=\dfrac{m}{2^n}$。再求所有除数的和与所有商的和：

$$\underbrace{(1 + 2 + 4 + 8 + \cdots + 2^n)}_{\text{所有除数的和}} + \underbrace{\left[\left(\dfrac{m}{2^1} + \dfrac{m}{2^2} + \dfrac{m}{2^3} + \cdots + \dfrac{m}{2^{n-1}} \right) + \dfrac{m}{2^n} \right]}_{\text{所有商的和}}$$

$$= \dfrac{m}{2^n} + \left[\left(\dfrac{m}{2^1} + \dfrac{m}{2^2} + \dfrac{m}{2^3} + \cdots + \dfrac{m}{2^{n-1}} \right) + \dfrac{m}{2^n} \right]$$

$$= \dfrac{m}{2^n} + \left[m \left(\dfrac{1}{2} + \dfrac{1}{2^2} + \cdots + \dfrac{1}{2^{n-1}} \right) + \dfrac{m}{2^n} \right]$$

$$= \frac{2m}{2^n} + m \cdot \frac{\frac{1}{2}\left[1 - \left(\frac{1}{2}\right)^{n-1}\right]}{1 - \frac{1}{2}}$$

$$= \frac{2m}{2^n} + m \cdot \left[1 - \left(\frac{1}{2}\right)^{n-1}\right]$$

$$= \frac{m}{2^{n-1}} + m - \frac{m}{2^{n-1}}$$

$$= m$$

即证。

由定理1可以推导出如下定理：

偶完全数判定定理2：任意大于4的偶数S，如果能表示为$S=2^n \cdot (2^{n+1}-1)$（n为大于0的偶数）且（$2^{n+1}-1$）是质数，那么这个偶数必定是完全数。

判别偶完全数，下一节还将提出一些具体的直观方法。

有没有奇完全数呢？

如果某个奇数是完全数，它同样要满足"所有除数的和+所有商的和=奇数，且所有除数和是质数并与终结商相等"的条件。

以3^n（$n \geq 0$）依次去除任意大于8的奇数P为例：

当$n=0$，即第一个除数为3^0，此时的商为$P \div 3^0 = \frac{P}{3^0}$

当$n=1$，即第二个除数为3^1，此时的商为$P \div 3^1 = \frac{P}{3^1}$

当$n=2$，即第三个除数为3^2，此时的商为$P \div 3^2 = \frac{P}{3^2}$

……

最后一个除数为3^n，此时的终结商为$P \div 3^n = \frac{P}{3^n}$

因为各个除数共同构成一个公比是3的等比数列，其前n项和是：

$S_n = \frac{1 - 3^n \times 3}{1 - 3} = \frac{1 - 3^{n+1}}{-2} = \frac{3^{n+1}-1}{2}$，比较、分析终结商$\frac{P}{3^n}$与所有除数和$\frac{3^{n+1}-1}{2}$两个式子，就能够发现它们总是不相等的，因为除数$3^n$等于被除数$P$除以终结商$\frac{P}{3^n}$，即$P \div \frac{P}{3^n} = 3^n$，而$3^n$必然小于所有除数和$\frac{3^{n+1}-1}{2}$，也就是说所有除数的和不等于终结商，因而含有因数$3^n$的奇数没有完全数。

由于 $\frac{3^{n+1}-1}{2}>3^n$，所以含有因数 3^n 的奇数的所有因数的和（自身除外）总是小于这个奇数。请看下面的例子：

例5

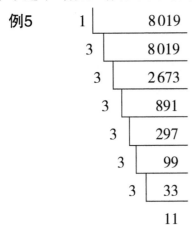

（1+3+9+27+81+243+729）

+（11+33+99+297+891+2 673）

=1 093+4 004

=5 097＜8 019

例6

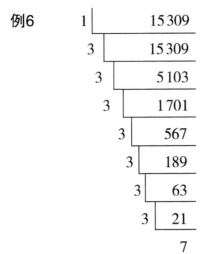

（1+3+9+27+81+243+729+2 187）+（7+21+63+189+567+1 701+5 103）

=3 280+7 651

=10 931＜15 309

深入分析能够得出：任何含有因数 k^n（k 为质数，$n \geq 0$）的奇数 P，其所有除数和 $S_n = \frac{1-k^n \cdot k}{1-k} = \frac{1-k^{n+1}}{1-k}$ 也一定会大于 k^n 即终结商 $\frac{p}{k^n}$，所以说没有奇完

全数。

第二节 完全数的特性与获取方法

深入观察、分析上一节中的四个例子，能够发现496的除数是2^4，商是31，$496=2^4 \times 31$。8 128的除数是2^6，商是127，$8\,128=2^6 \times 127$。33 550 336的除数是2^{12}，商是8 191，$33\,550\,336=2^{12} \times 8\,191$。137 438 691 328的除数是$2^{18}$，商是524 287，$137\,438\,691\,328=2^{18} \times 524\,287$。

进一步分析能够得出：$31=2^5-1=2^{4+1}-1$，$127=2^7-1=2^{6+1}-1$，$8191=2^{13}-1=2^{12+1}-1$，$524\,287=2^{19}-1$，且31，127，8 191，524 287都是质数，于是就有$496=2^4 \times (2^{4+1}-1)$，$8\,128=2^6 \times (2^{6+1}-1)$，$33\,550\,336=2^{12} \times (2^{12+1}-1)$，$137\,438\,691\,328=2^{18} \times (2^{18+1}-1)$。将这四个式子概括、抽象成一般式，即为：$C=2^n \cdot (2^{n+1}-1)$（$n$是$\geqslant 2$的偶数）。这个式子表明：如果（$2^{n+1}-1$）是一个质数，那么$2^n \cdot (2^{n+1}-1)$算出的数一定是一个完全数。

接下来，将（$2^{n+1}-1$）得出的数是不是质数的问题放在一边，看看$2^n \cdot (2^{n+1}-1)$依次推进的几组系列式子的结果（运算结果上面括号里的数为终端数字和，带▲的数为质数，带●的是完全数）。

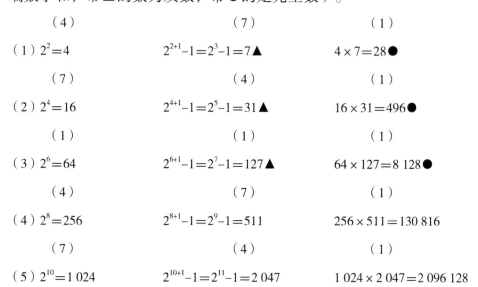

（4）　　　　　　　　　（7）　　　　　　　　　（1）

（1）$2^2=4$　　　$2^{2+1}-1=2^3-1=7$▲　　　$4 \times 7=28$●

（7）　　　　　　　　　（4）　　　　　　　　　（1）

（2）$2^4=16$　　　$2^{4+1}-1=2^5-1=31$▲　　　$16 \times 31=496$●

（1）　　　　　　　　　（1）　　　　　　　　　（1）

（3）$2^6=64$　　　$2^{6+1}-1=2^7-1=127$▲　　　$64 \times 127=8\,128$●

（4）　　　　　　　　　（7）　　　　　　　　　（1）

（4）$2^8=256$　　　$2^{8+1}-1=2^9-1=511$　　　$256 \times 511=130\,816$

（7）　　　　　　　　　（4）　　　　　　　　　（1）

（5）$2^{10}=1\,024$　　　$2^{10+1}-1=2^{11}-1=2\,047$　　　$1\,024 \times 2\,047=2\,096\,128$

　　　（1）　　　　　　　　　（1）　　　　　　　　　　（1）

（6）$2^{12}=4\,096$　　　$2^{12+1}-1=2^{13}-1=8\,191$▲　　$4\,096\times8\,191=33\,550\,336$●

　　　（4）　　　　　　　　　（7）　　　　　　　　　　（1）

（7）$2^{14}=16\,384$　　　$2^{14+1}-1=2^{15}-1=32\,767$　　$16\,384\times32\,767=536\,854\,528$

　　　（7）　　　　　　　　　（4）　　　　　　　　　　（1）

（8）$2^{16}=65\,536$　　　$2^{16+1}-1=2^{17}-1=131\,071$▲　　$65\,536\times131\,071=8\,589\,869\,056$●

　　　（1）　　　　　　　　　（1）　　　　　　　　　　（1）

（9）$2^{18}=262\,144$　　$2^{18+1}-1=2^{19}-1=524\,287$▲　$262\,144\times524\,287=137\,438\,691\,328$●

　　　（4）　　　　　　　　　（7）　　　　　　　　　　（1）

（10）$2^{20}=1\,048\,576$　$2^{20+1}-1=2^{21}-1=2\,097\,151$　$1\,048\,576\times2\,097\,151$

　　　　　　　　　　　　　　　　　　　　　　　　　　$=2\,199\,022\,206\,976$

　　　（7）　　　　　　　　　（4）　　　　　　　　　　（1）

（11）$2^{22}=4\,194\,304$　$2^{22+1}-1=2^{23}-1=8\,388\,607$　$4\,194\,304\times8\,388\,607$

　　　　　　　　　　　　　　　　　　　　　　　　　　$=35\,184\,367\,894\,528$

　　　（1）　　　　　　　　　（1）　　　　　　　　　　（1）

（12）$2^{24}=16\,777\,216$　$2^{24+1}-1=2^{25}-1=33\,554\,431$　$16\,777\,216\times33\,554\,431$

　　　　　　　　　　　　　　　　　　　　　　　　　　$=562\,949\,936\,664\,096$

　　观察、分析以上式子以及四个例子中的相关数据，能够得出这些结论：

　　（1）由（$2^{5+4m}-1$）算出的数的数尾码只有31，11，91，71，51这5类，由（$2^{3+4m}-1$）算出的数的数尾码也只有7，27，47，67，87这5个类型。而且，这两个式子算出的奇数的终端数字和是1或4或7，没有2，5，8，更没有3，6，9的奇数。具有以上数尾码特性与终端数字和特性的奇数，叫作专属奇数，它又分为专属奇合数、专属奇质数。

　　（2）2^{4+4m}算出的数都是6氏数族里的数，（$2^{5+4m}-1$）算出的数都是1氏数族的数，$2^{4+4m}\cdot(2^{5+4m}-1)$算出的数一定是6氏数族的偶数。$2^{2+4m}$算出的数都是4氏数族的数，（$2^{3+4m}-1$）算出的数都是7氏数族里的数，$2^{2+4m}\cdot(2^{3+4m}-1)$算出的数一定是8氏数族里的偶数。所以说，只有6氏、8氏数族里才有完全数。

　　（3）2^{2+4m}依次算出的数的终端数字和是按照4，1，7；4，1，7，…反复的，（$2^{3+4m}-1$）依次算出的数的终端数字和是按照7，1，4；7，1，4，…

反复的，这两组反复的终端数字和分别是4与7，1与1，7与4配对的，当$C=2^{2+4m}\cdot(2^{3+4m}-1)$时，即有$4\times7\doteq28\doteq2+8\doteq10\doteq1+0\doteq1$，或$7\times4\doteq28\doteq2+8\doteq1$，或$1\times1\doteq1$。同样地，$2^{4+4m}$依次算出的数的终端数字和是按照7，4，1；7，4，1，…反复的，$(2^{5+4m}-1)$依次算出的数的终端数字和是按照4，7，1；4，7，1，…反复的，$2^{4+4m}\cdot(2^{5+4m}-1)$得出的数终端数字和也都是1。这就是说，6除外的所有完全数的终端数字和一定是1。

（4）如果$(2^{3+4m}-1)$是一个质数，那么，$2^{2+4m}\cdot(2^{3+4m}-1)$算出的数一定是一个完全数；如果$(2^{5+4m}-1)$是一个质数，那么$2^{4+4m}\cdot(2^{5+4m}-1)$算出的数一定是一个完全数。如8191是质数，则4096与8191的积33550336就必定是完全数。这些，既是完全数的性质特征，又是获取完全数的路径和方法。

人们已经发现的n为521，607，1279，2203，2281，3217的大质数都对应于$(2^{5+4m}-1)$，n为4253，4423，9689，9941，11213，19937的大质数都对应于$(2^{3+4m}-1)$。

（5）找到相应的质数，是发现完全数的关键所在。$(2^{3+4m}-1)$、$(2^{5+4m}-1)$算出来的数分别是7，1氏数族里的奇数，因而人们不必从3，9氏数族里寻觅质数，只有找到7，1氏数族里的相关质数，才能发现新的完全数。$(2^{3+4m}-1)$所指的数依次是7，127，2047，32767，524287，…等定值、定数尾码的数，$(2^{5+4m}-1)$所指的数依次是31，511，8191，131071，2097151，…等定值、定数尾码的数，因而找寻质数时只要直奔这样的数而去即可。然而，要从浩瀚的数海里找到这样的特定质数，却不是一件易事。

下面，请先看1氏数族里满足两个条件的特定奇数（划有双横线，标注终端数字和的数）。

			(4)						(1)
1	11	21	31	41	51	61	71	81	91
					(7)				
101	111	121	131	141	151	161	171	181	191
	(4)						(1)		
201	211	221	231	241	251	261	271	281	291

			(7)						(4)
301	311	321	**331**	341	351	361	371	381	**391**
					(1)				
401	411	421	431	441	**451**	461	471	481	491
	(7)						(4)		
501	**511**	521	531	541	551	561	**571**	581	591
			(1)						(7)
601	611	621	**631**	641	651	661	671	681	**691**
					(4)				
701	711	721	731	741	**751**	761	771	781	791
	(1)						(7)		
801	**811**	821	831	841	851	861	**871**	881	891
			(4)						(1)
901	911	921	**931**	941	951	961	971	981	**991**
					(7)				
1001	1011	1021	1031	1041	**1051**	1061	1071	1081	1091
	(4)						(1)		
1101	**1111**	1121	1131	1141	1151	1161	**1171**	1181	1191
			(7)						(4)
1201	1211	1221	**1231**	1241	1251	1261	1271	1281	**1291**
					(1)				
1301	1311	1321	1331	1341	**1351**	1361	1371	1381	1391
	(7)						(4)		
1401	**1411**	1421	1431	1441	1451	1461	**1471**	1481	1491
			(1)						(7)
1501	1511	1521	**1531**	1541	1551	1561	1571	1581	**1591**

再看7氏数族里满足两个条件的特定奇数：

(7)						(4)			
7	17	27	37	47	57	**67**	77	87	97

　　　　　　　　　　（1）
107　117　127　137　147　157　167　177　187　197
　　　　　　＝　　　（4）　　　　　　　　　（1）
207　217　227　237　247　257　267　277　287　297
（1）　　　　　　　＝　　　　　（7）　　　　＝
307　317　327　337　347　357　367　377　387　397
＝　　　　（4）　　　　　　　　＝　　　　　（1）
407　417　427　437　447　457　467　477　487　497
　　　　　＝　　　　（7）　　　　　　　　　＝
507　517　527　537　547　557　567　577　587　597
（4）　　　　　　　＝　　　　　（1）
607　617　627　637　647　657　667　677　687　697
＝　　　（7）　　　　　　　　　＝　　　　　（4）
707　717　727　737　747　757　767　777　787　797
　　　　　＝　　　　（1）　　　　　　　　　＝
807　817　827　837　847　857　867　877　887　897
（7）　　　　　　　＝　　　　　（4）
907　917　927　937　947　957　967　977　987　997
＝　　　（1）　　　　　　　　　＝　　　　　（7）
1007　1017　1027　1037　1047　1057　1067　1077　1087　1097
　　　　　＝　　　　（4）　　　　　　　　　＝
1107　1117　1127　1137　1147　1157　1167　1177　1187　1197
（1）　　　　　　　＝　　　　　（7）
1207　1217　1227　1237　1247　1257　1267　1277　1287　1297
＝　　　（4）　　　　　　　　　＝　　　　　（1）
1307　1317　1327　1337　1347　1357　1367　1377　1387　1397
　　　　　＝　　　　（7）　　　　　　　　　＝
1407　1417　1427　1437　1447　1457　1467　1477　1487　1497
（4）　　　　　　　＝　　　　　（1）
1507　1517　1527　1537　1547　1557　1567　1577　1587　1597
＝　　　　　　　　　　　　　　＝

观察、比较、分析如上特定奇数，能够发现：

（1）1，7氏数族各自满足两个条件的特定奇数里，既有合数又有质数。

（2）（31+60m），（7+60m）分别是求取1，7氏数族满足两个条件特定奇数的代数式。

（3）1，7氏数族满足两个条件的特定奇数里，任何数尾码相同的一列数都是公差为300的等差数列。

满足两个条件的特定奇合数是怎样求得的呢？作者经过分析、概括，得到了如表2-1、表2-2所示的数量关系式。

表2-1   1氏数族特定奇合数数量关系式

数　脉	①号	②号	③号
代数式（$m \geq 0$，$n \geq 1$）	（91+420m）+（130+600m）×6n	（931+2 940m）+（130+600m）×6n	（451+2 460m）+（110+600m）×6n
	（391+1 020m）+（230+600m）×6n	（1 711+3 540m）+（290+600m）×6n	（1 891+3 660m）+（310+600m）×6n
	（1 591+2 220m）+（430+600m）×6n	（931+1 140m）+（490+600m）×6n	（451+660m）+（410+600m）×6n
	（2 491+2 820m）+（530+600m）×6n	（1 711+1 740m）+（590+600m）×6n	（1 891+1 860m）+（610+600m）×6n

表2-2   7氏数族特定奇合数数量关系式

数　脉	⑥号	⑦号
代数式（$m \geq 0$，$n \geq 1$）	（247+1 140m）+（130+600m）×6n	（187+1 020m）+（110+600m）×6n
	（667+1 740m）+（230+600m）×6n	（1 147+2 220m）+（310+600m）×6n
	（2 107+2 940m）+（430+600m）×6n	（1 927+2 820m）+（410+600m）×6n
	（3 127+3 540m）+（530+600m）×6n	（427+1 420m）+（610+600m）×6n

以上代数式计算出来的奇数的数尾码、终端数字和分别是一定的特定奇合数，这些代数式叫作两满足条件特定奇合数判别式。

分析这些式子的第二个加式，可以得知它们的终端数字和一定都是"6"。

然而，"直奔"判别的奇数都是下面类别的数：

由（$2^{5+20m}-1$），（$2^{9+20m}-1$），（$2^{13+20m}-1$），（$2^{17+20m}-1$），（$2^{21+20m}-1$）等计算出来的、数尾码分别是31，11，91，71，51的终端数字和为1，4，7的奇数；

由（$2^{3+20m}-1$），（$2^{7+20m}-1$），（$2^{11+20m}-1$），（$2^{15+20m}-1$），（$2^{19+20m}-1$）等计算出来的、数尾码分别是7，27，47，67，87的、终端数字和为1，4，7的奇数。

像以上由特殊式子生成的具有特定数尾码及其终端数字和的奇数，称为满足三个条件的特定奇数。很显然，满足三个条件的特定奇数里一定既有合数又有质数，它比起满足两个条件的特定奇数要少得多。

满足三个条件的特定奇数有什么特性呢？

在这里，不妨先计算出下面两个式子的各10个偶数。

2^{3+4m}：

$2^3=8$

$2^7=128$

$2^{11}=2\,048$

$2^{15}=32\,768$

$2^{19}=524\,288$

$2^{23}=8\,388\,608$

$2^{27}=134\,217\,728$

$2^{31}=2\,147\,483\,648$

$2^{35}=34\,359\,738\,368$

$2^{39}=549\,755\,813\,888$

2^{5+4m}：

$2^5=32$

$2^9=512$

$2^{13}=8\,192$

$2^{17}=131\,072$

$2^{21}=2\,097\,152$

$2^{25}=33\,554\,432$

$2^{29}=536\,870\,912$

$2^{33}=8\,589\,934\,592$

$2^{37}=137\,438\,953\,472$

$2^{41}=2\,199\,023\,255\,552$

再分别观察、比较两组偶数，能够发现如下10个结论：

（1）2^{3+20m}（$m\geqslant0$）算出的数都是数尾码为"08"的偶数，且每相邻两个偶数间较大偶数是较小偶数的1 048 576倍；

（2）2^{7+20m}算出的数都是数尾码为"28"的偶数，且每相邻两个偶数间较大偶数是较小偶数的1 048 576倍；

（3）2^{11+20m}算出的数都是数尾码为"48"的偶数，且每相邻两个偶数间较大偶数是较小偶数的1 048 576倍；

（4）2^{15+20m}算出的数都是数尾码为"68"的偶数，且每相邻两个偶数间较大偶数是较小偶数的1 048 576倍；

（5）2^{19+20m}算出的数都是数尾码为"88"的偶数，且每相邻两个偶数间较大偶数是较小偶数的1 048 576倍；

（6）2^{5+20m}算出的数都是数尾码为"32"的偶数，且每相邻两个偶数间较大偶数是较小偶数的1 048 576倍；

（7）2^{9+20m}算出的数都是数尾码为"12"的偶数，且每相邻两个偶数间较大偶数是较小偶数的1 048 576倍；

（8）2^{13+20m}算出的数都是数尾码为"92"的偶数，且每相邻两个偶数间较大偶数是较小偶数的1 048 576倍；

（9）2^{17+20m}算出的数都是数尾码为"72"的偶数，且每相邻两个偶数间较大偶数是较小偶数的1 048 576倍；

（10）2^{21+20m}算出的数都是数尾码为"52"的偶数，且每相邻两个偶数间较大偶数是较小偶数的1 048 576倍。

例如，$2^3=8$，$2^{23}=8\,388\,608$，$2^{43}=879\,609\,310\,208$，$8\,388\,608 \div 8=2^{23} \div 2^3=2^{20}=1\,048\,576$，$879\,609\,310\,208 \div 8\,388\,608=2^{43} \div 2^{23}=2^{20}=1\,048\,576$

归纳以上10个结论，能够得出：2^{3+20m}、2^{7+20m}、2^{11+20m}、2^{15+20m}、2^{19+20m}、2^{5+20m}、2^{9+20m}、2^{13+20m}、2^{17+20m}、2^{21+20m}等各自依次算出来的一列数，不仅数尾码相同，而且都是公比为1 048 576的等比数列。

注意到"1 048 576"的终端数字和为"4"，当某个等比数列的a_1的终端数字和为"8"时，则a_2的终端数字和是$8 \times 4=32 \doteq 5$，而$5-8 \doteq 14-8 \doteq 6$。这就是说，任何公比为1 048 576的等比数列的每相邻两数的差的终端数字和都是"6"。

类似$2^{23}-2^3$的（$2^{23}-1$）-（2^3-1），即被减数、减数分别减去同一个数，它们的差不变性质，可以推知：（$2^{3+20m}-1$），（$2^{7+20m}-1$），（$2^{11+20m}-1$），（$2^{15+20m}-1$），（$2^{19+20m}-1$），（$2^{5+20m}-1$），（$2^{9+20m}-1$），（$2^{13+20m}-1$），（$2^{17+20m}-1$），（$2^{21+20m}-1$）等各自依次算出来的一列数的相邻两数的差的终端数字和都是"6"。

很显然，用满足两个条件特定奇合数判别式能够辨析满足三个条件特定奇数的，例如$2^{15}-1=32\,767$这个数是合数，所以它与16 384的积536 854 528就不是完全数。

诚然，第一章里所述的奇合数判别方法同样也可以辨析满足三个条件的特定奇数。一句话，所有奇合数判断方法里，以用自己最熟悉、最喜欢的方法为好。

笔者以1，7氏数族中奇合数的数量关系为支撑，运用终端数字和思维，借助电子计算机的优势，有序地计算出了1，7氏数族一定数域里的17个满足三个条件的特定质数，并根据完全数的性质特征，快速地得到了以下17个完全数。

$2^4 \cdot (2^5-1)$　　　　　$2^{12} \cdot (2^{13}-1)$　　　　　$2^{16} \cdot (2^{17}-1)$

$2^{60} \cdot (2^{61}-1)$　　　　　$2^{88} \cdot (2^{89}-1)$　　　　　$2^{520} \cdot (2^{521}-1)$

$2^{2280} \cdot (2^{2281}-1)$　　　$2^{3216} \cdot (2^{3217}-1)$　　　$2^2 \cdot (2^3-1)$

$2^6 \cdot (2^7-1)$　　　　　$2^{18} \cdot (2^{19}-1)$　　　　　$2^{30} \cdot (2^{31}-1)$

$2^{106} \cdot (2^{107}-1)$　　　$2^{126} \cdot (2^{127}-1)$　　　$2^{606} \cdot (2^{607}-1)$

$2^{1278} \cdot (2^{1279}-1)$　　$2^{2202} \cdot (2^{2203}-1)$

可以肯定地说，人们凭借电子计算机大数据计算技术，以获取完全数的路径、方法为引领，一定能够在不久的时日里发现新的完全数。

有些偶数也可以表示为$2^n \cdot (2^{n+1}-1)$，但其（$2^{n+1}-1$）却是合数，因而这样的偶数不是完全数。如$536\,854\,528 = 2^{14} \cdot (2^{15}-1) = 16\,384 \times 32\,767$，而$32\,767$是合数，则$536\,854\,528$不是完全数。据此，探寻完全数时一定要把握住（$2^{3+4m}-1$）、（$2^{5+4m}-1$）必须是质数，切不可被假象所迷惑。

完全数犹如沧海一粟，这与它不仅只存在于6、8氏两个数族，而且又是按照$2^n \cdot (2^{n+1}-1)$的几何级数扩展的，还要满足专属奇数之条件不无关系。

第三章　求证哥德巴赫猜想的新方式

　　是不是所有大于2的偶数，都可以表示为两个质数的和？这个问题就是被称为"数学王冠上的明珠"的哥德巴赫猜想。

　　将偶数表示为两个质数和看成是偶数表示为两个奇数和的一种特殊组合，即遵循"一般→特殊→一般"的认识过程，是解决哥德巴赫猜想的关键所在。在本章里，先将展示偶数表示为两个奇数和的式子，分析、比较偶数表示为两个奇数和的做法、特点，再探索偶数表示为两个奇数和的规律，阐述求证哥德巴赫猜想的过程。

第一节　偶数表示为两个奇数和

众所周知，0除外的偶数都可以表示为两个奇数和。那么，偶数是怎样表示为两个奇数和的呢？请先看下面的分析式（下面带"•"的数表示合数，下面带"▲"的数表示质数）。

2氏数族偶数表示为1氏数族两个奇数和的式子表达式①

2＝1+1

12＝1+11

22＝1+21＝11+11

32＝1+31＝11+21

42＝1+41＝11+31＝21+21

52＝1+51＝11+41＝21+31

62＝1+61＝11+51＝21+41＝31+31

72＝1+71＝11+61＝21+51＝31+41

82＝1+81＝11+71＝21+61＝31+51＝41+41

92＝1+91＝11+81＝21+71＝31+61＝41+51

102＝1+101＝11+91＝21+81＝31+71＝41+61＝51+51

112＝1+111＝11+101＝21+91＝31+81＝41+71＝51+61

122＝1+121＝11+111＝21+101＝31+91＝41+81＝51+71＝61+61

132＝1+131＝11+121＝21+111＝31+101＝41+91＝51+81＝61+71

142＝1+141＝11+131＝21+121＝31+111＝41+101＝51+91＝61+81＝71+71

152＝1+151＝11+141＝21+131＝31+121＝41+111＝51+101＝61+91＝71+81

162＝1+161＝11+151＝21+141＝31+131＝41+121＝51+111＝61+101
　＝71+91＝81+81

172＝1+171＝11+161＝21+151＝31+141＝41+131＝51+121＝61+111
　＝71+101＝81+91

4氏数族偶数表示为7氏数族两个奇数和的式子表达式②

14＝7+7

24＝7+17

34＝7+27＝17+17

44＝7+37＝17+27

54＝7+47＝17+37＝27+27

64＝7+57＝17+47＝27+37

74＝7+67＝17+57＝27+47＝37+37

84＝7+77＝17+67＝27+57＝37+47

94＝7+87＝17+77＝27+67＝37+57＝47+47

104＝7+97＝17+87＝27+77＝37+67＝47+57

114＝7+107＝17+97＝27+87＝37+77＝47+67＝57+57

124＝7+117＝17+107＝27+97＝37+87＝47+77＝57+67

134＝7+127＝17+117＝27+107＝37+97＝47+87＝57+77＝67+67

144＝7+137＝17+127＝27+117＝37+107＝47+97＝57+87＝67+77

154＝7+147＝17+137＝27+127＝37+117＝47+107＝57+97＝67+87＝77+77

164＝7+157＝17+147＝27+137＝37+127＝47+117＝57+107＝67+97＝77+87

174＝7+167＝17+157＝27+147＝37+137＝47+127＝57+117＝67+107
　　＝77+97＝87+87

184＝7+177＝17+167＝27+157＝37+147＝47+137＝57+127＝67+117
　　＝77+107＝87+97

194＝7+187＝17+177＝27+167＝37+157＝47+147＝57+137＝67+127
　　＝77+117＝87+107＝97+97

204＝7+197＝17+187＝27+177＝37+167＝47+157＝57+147＝67+137
　　＝77+127＝87+117＝97+107

6氏数族偶数表示为3氏数族两个奇数和的式子表达式③

$6=3+3$

$16=3+13$

$26=3+23=13+13$

$36=3+33=13+23$

$46=3+43=13+33=23+23$

$56=3+53=13+43=23+33$

$66=3+63=13+53=23+43=33+33$

$76=3+73=13+63=23+53=33+43$

$86=3+83=13+73=23+63=33+53=43+43$

$96=3+93=13+83=23+73=33+63=43+53$

$106=3+103=13+93=23+83=33+73=43+63=53+53$

$116=3+113=13+103=23+93=33+83=43+73=53+63$

$126=3+123=13+113=23+103=33+93=43+83=53+73=63+63$

$136=3+133=13+123=23+113=33+103=43+93=53+83=63+73$

$146=3+143=13+133=23+123=33+113=43+103=53+93=63+83=73+73$

$156=3+153=13+143=23+133=33+123=43+113=53+103=63+93=73+83$

$166=3+163=13+153=23+143=33+133=43+123=53+113=63+103$
$=73+93=83+83$

$176=3+173=13+163=23+153=33+143=43+133=53+123=63+113$
$=73+103=83+93$

$186=3+183=13+173=23+163=33+153=43+143=53+133=63+123$
$=73+113=83+103=93+93$

$196=3+193=13+183=23+173=33+163=43+153=53+143=63+133$
$=73+123=83+113=93+103$

8氏数族偶数表示为9氏数族两个奇数和的式子表达式④

$18=9+9$

$28=9+19$

$38=9+29=19+19$

$48=9+39=19+29$

$58=9+49=19+39=29+29$

$68=9+59=19+49=29+39$

$78=9+69=19+59=29+49=39+39$

$88=9+79=19+69=29+59=39+49$

$98=9+89=19+79=29+69=39+59=49+49$

$108=9+99=19+89=29+79=39+69=49+59$

$118=9+109=19+99=29+89=39+79=49+69=59+59$

$128=9+119=19+109=29+99=39+89=49+79=59+69$

$138=9+129=19+119=29+109=39+99=49+89=59+79=69+69$

$148=9+139=19+129=29+119=39+109=49+99=59+89=69+79$

$158=9+149=19+139=29+129=39+119=49+109=59+99=69+89=79+79$

$168=9+159=19+149=29+139=39+129=49+119=59+109=69+99=79+89$

$178=9+169=19+159=29+149=39+139=49+129=59+119=69+109$
$=79+99=89+89$

$188=9+179=19+169=29+159=39+149=49+139=59+129=69+119$
$=79+109=89+99$

$198=9+189=19+179=29+169=39+159=49+149=59+139=69+129$
$=79+119=89+109=99+99$

$208=9+199=19+189=29+179=39+169=49+159=59+149=69+139$
$=79+129=89+119=99+109$

0氏数族偶数表示为3氏与7氏数族两个奇数和的式子表达式⑤

$10＝3+7$

$20＝3+17＝13+7$

$30＝3+27＝13+17＝23+7$

$40＝3+37＝13+27＝23+17＝33+7$

$50＝3+47＝13+37＝23+27＝33+17＝43+7$

$60＝3+57＝13+47＝23+37＝33+27＝43+17＝53+7$

$70＝3+67＝13+57＝23+47＝33+37＝43+27＝53+17＝63+7$

$80＝3+77＝13+67＝23+57＝33+47＝43+37＝53+27＝63+17＝73+7$

$90＝3+87＝13+77＝23+67＝33+57＝43+47＝53+37＝63+27＝73+17＝83+7$

$100＝3+97＝13+87＝23+77＝33+67＝43+57＝53+47＝63+37＝73+27$
$＝83+17＝93+7$

$110＝3+107＝13+97＝23+87＝33+77＝43+67＝53+57＝63+47＝73+37$
$＝83+27＝93+17＝103+7$

$120＝3+117＝13+107＝23+97＝33+87＝43+77＝53+67＝63+57＝73+47$
$＝83+37＝93+27＝103+17＝113+7$

$130＝3+127＝13+117＝23+107＝33+97＝43+87＝53+77＝63+67＝73+57$
$＝83+47＝93+37＝103+27＝113+17＝123+7$

$140＝3+137＝13+127＝23+117＝33+107＝43+97＝53+87＝63+77＝73+67$
$＝83+57＝93+47＝103+37＝113+27＝123+17＝133+7$

$150＝3+147＝13+137＝23+127＝33+117＝43+107＝53+97＝63+87＝73+77$
$＝83+67＝93+57＝103+47＝113+37＝123+27＝133+17＝143+7$

2 氏数族偶数表示为 3 氏与 9 氏数族两个奇数和的式子表达式⑥

12＝3+9

22＝3+19＝13+9

32＝3+29＝13+19＝23+9

42＝3+39＝13+29＝23+19＝33+9

52＝3+49＝13+39＝23+29＝33+19＝43+9

62＝3+59＝13+49＝23+39＝33+29＝43+19＝53+9

72＝3+69＝13+59＝23+49＝33+39＝43+29＝53+19＝63+9

82＝3+79＝13+69＝23+59＝33+49＝43+39＝53+29＝63+19＝73+9

92＝3+89＝13+79＝23+69＝33+59＝43+49＝53+39＝63+29＝73+19＝83+9

102＝3+99＝13+89＝23+79＝33+69＝43+59＝53+49＝63+39＝73+29
＝83+19＝93+9

112＝3+109＝13+99＝23+89＝33+79＝43+69＝53+59＝63+49＝73+39
＝83+29＝93+19＝103+9

122＝3+119＝13+109＝23+99＝33+89＝43+79＝53+69＝63+59＝73+49
＝83+39＝93+29＝103+19＝113+9

132＝3+129＝13+119＝23+109＝33+99＝43+89＝53+79＝63+69＝73+59
＝83+49＝93+39＝103+29＝113+19＝123+9

142＝3+139＝13+129＝23+119＝33+109＝43+99＝53+89＝63+79＝73+69
＝83+59＝93+49＝103+39＝113+29＝123+19＝133+9

152＝3+149＝13+139＝23+129＝33+119＝43+109＝53+99＝63+89＝73+79
＝83+69＝93+59＝103+49＝113+39＝123+29＝133+19＝143+9

4氏数族偶数表示为3氏与1氏数族两个奇数和的式子表达式⑦

$4=3+1$

$14=3+11=13+1$

$24=3+21=13+11=23+1$

$34=3+31=13+21=23+11=33+1$

$44=3+41=13+31=23+21=33+11=43+1$

$54=3+51=13+41=23+31=33+21=43+11=53+1$

$64=3+61=13+51=23+41=33+31=43+21=53+11=63+1$

$74=3+71=13+61=23+51=33+41=43+31=53+21=63+11=73+1$

$84=3+81=13+71=23+61=33+51=43+41=53+31=63+21=73+11=83+1$

$94=3+91=13+81=23+71=33+61=43+51=53+41=63+31=73+21$
$=83+11=93+1$

$104=3+101=13+91=23+81=33+71=43+61=53+51=63+41=73+31$
$=83+21=93+11=103+1$

$114=3+111=13+101=23+91=33+81=43+71=53+61=63+51=73+41$
$=83+31=93+21=103+11=113+1$

$124=3+121=13+111=23+101=33+91=43+81=53+71=63+61=73+51$
$=83+41=93+31=103+21=113+11=123+1$

$134=3+131=13+121=23+111=33+101=43+91=53+81=63+71=73+61$
$=83+51=93+41=103+31=113+21=123+11=133+1$

$144=3+141=13+131=23+121=33+111=43+101=53+91=63+81=73+71$
$=83+61=93+51=103+41=113+31=123+21=133+11=143+1$

$154=3+151=13+141=23+131=33+121=43+111=53+101=63+91=73+81$
$=83+71=93+61=103+51=113+41=123+31=133+21=143+11=153+1$

6氏数族偶数表示为7氏与9氏数族两个奇数和的式子表达式⑧

16＝7+9

26＝7+19＝17+9

36＝7+29＝17+19＝27+9

46＝7+39＝17+29＝27+19＝37+9

56＝7+49＝17+39＝27+29＝37+19＝47+9

66＝7+59＝17+49＝27+39＝37+29＝47+19＝57+9

76＝7+69＝17+59＝27+49＝37+39＝47+29＝57+19＝67+9

86＝7+79＝17+69＝27+59＝37+49＝47+39＝57+29＝67+19＝77+9

96＝7+89＝17+79＝27+69＝37+59＝47+49＝57+39＝67+29＝77+19＝87+9

106＝7+99＝17+89＝27+79＝37+69＝47+59＝57+49＝67+39＝77+29

＝87+19＝97+9

116＝7+109＝17+99＝27+89＝37+79＝47+69＝57+59＝67+49＝77+39

＝87+29＝97+19＝107+9

126＝7+119＝17+109＝27+99＝37+89＝47+79＝57+69＝67+59＝77+49

＝87+39＝97+29＝107+19＝117+9

136＝7+129＝17+119＝27+109＝37+99＝47+89＝57+79＝67+69＝77+59

＝87+49＝97+39＝107+29＝117+19＝127+9

146＝7+139＝17+129＝27+119＝37+109＝47+99＝57+89＝67+79＝77+69

＝87+59＝97+49＝107+39＝117+29＝127+19＝137+9

156＝7+149＝17+139＝27+129＝37+119＝47+109＝57+99＝67+89＝77+79

＝87+69＝97+59＝107+49＝117+39＝127+29＝137+19＝147+9

8氏数族偶数表示为7氏与1氏数族两个奇数和的式子表达式⑨

$8 = 7+1$

$18 = 7+11 = 17+1$

$28 = 7+21 = 17+11 = 27+1$

$38 = 7+31 = 17+21 = 27+11 = 37+1$

$48 = 7+41 = 17+31 = 27+21 = 37+11 = 47+1$

$58 = 7+51 = 17+41 = 27+31 = 37+21 = 47+11 = 57+1$

$68 = 7+61 = 17+51 = 27+41 = 37+31 = 47+21 = 57+11 = 67+1$

$78 = 7+71 = 17+61 = 27+51 = 37+41 = 47+31 = 57+21 = 67+11 = 77+1$

$88 = 7+81 = 17+71 = 27+61 = 37+51 = 47+41 = 57+31 = 67+21 = 77+11 = 87+1$

$98 = 7+91 = 17+81 = 27+71 = 37+61 = 47+51 = 57+41 = 67+31 = 77+21$
$= 87+11 = 97+1$

$108 = 7+101 = 17+91 = 27+81 = 37+71 = 47+61 = 57+51 = 67+41 = 77+31$
$= 87+21 = 97+11 = 107+1$

$118 = 7+111 = 17+101 = 27+91 = 37+81 = 47+71 = 57+61 = 67+51 = 77+41$
$= 87+31 = 97+21 = 107+11 = 117+1$

$128 = 7+121 = 17+111 = 27+101 = 37+91 = 47+81 = 57+71 = 67+61 = 77+51$
$= 87+41 = 97+31 = 107+21 = 117+11 = 127+1$

$138 = 7+131 = 17+121 = 27+111 = 37+101 = 47+91 = 57+81 = 67+71 = 77+61$
$= 87+51 = 97+41 = 107+31 = 117+21 = 127+11 = 137+1$

$148 = 7+141 = 17+131 = 27+121 = 37+111 = 47+101 = 57+91 = 67+81 = 77+71$
$= 87+61 = 97+51 = 107+41 = 117+31 = 127+21 = 137+11 = 147+1$

$158 = 7+151 = 17+141 = 27+131 = 37+121 = 47+111 = 57+101 = 67+91 = 77+81$
$= 87+71 = 97+61 = 107+51 = 117+41 = 127+31 = 137+21 = 147+11 = 157+1$

偶数表示为两个奇数和，就是偶数表示为等值的同一数族两个奇数和或不同数族相应两个奇数和的过程。

0，2，4，6，8氏数族里的2，6除外的偶数N，分别表示为a_1，a_2，$\cdots$，a_{n-1}，a_n与b_1，b_2，$\cdots$，b_{n-1}，b_n两个不同数族相应两个奇数和，都是按照$N=a_1+b_n=a_2+b_{n-1}=\cdots=a_{n-1}+b_2=a_n+b_1$的方法表示的，这种方法叫作**偶数表示为不同数族两个奇数和法则**。

偶数表示为两个奇数和的每一个加式都叫作**1组奇数加式**，每一组奇数加式里的两个奇数都称为**对应奇数**，其中的第一个加数简称为**前置奇数**，第二个加数叫作**后置奇数**。它们又区分为前置奇合数、前置奇质数，后置奇合数、后置奇质数。如92＝1+91＝11+81＝$\cdots$中的1与91，11与81分别是对应奇数，1与11都是前置奇数，91与81是后置奇数。

如果用A，B分别表示奇合数、奇质数，那么奇数加式可以区分为如下三类：

（1）"合数+合数"类，用"A+A"表示，叫作**合数加式**；

（2）"质数+合数"类，用"B+A"表示，"合数+质数"类，用"A+B"表示，它们都叫作**合质数加式**；

（3）"质数+质数"类，用"B+B"表示，叫作**质数加式**。

某个偶数表示为两个奇数和的所有奇数加式统称为**加式组合体**，如50＝3+47＝13+37＝23+27＝33+17＝43+7的5个奇数加式，就是50表示为不同数族相应两个奇数和的加式组合体。某个加式组合体所含奇数加式个数，叫作**加式组合体长度**。

上述式子表达式⑤⑥⑦⑧⑨各自的所有加式组合体中，纵向奇数加式次第相同的所有前置奇数的连线，称为**前置奇数垂线**，简称为**前垂线**。所有后置奇数的连线称为**后置奇数垂线**，简称为**后垂线**。不同加式组合体里的在同一斜线上的所有奇数加式的前置奇数的连线，称为**前置奇数斜线**，简称为**前斜线**。所有在同一斜线上的奇数加式的后置奇数的连线，称为**后置奇数斜线**，简称为**后斜线**。左起的第一条前垂线与第一条后垂线合称为**第一组垂线**。

前垂线上的奇数是质数的垂线，又简称为**质数垂线**，是合数的则称为**合数垂线**。后斜线上的奇数也有质、合数之分，是质数的称为**质数斜线**，是合数的则称为**合数斜线**。质数垂线、合数垂线、质数斜线、合数斜线分别用其线上的那个数去称谓。如质数垂线"3"，合数斜线"27"。

偶数表示为两个奇数和的方式有两种：一种是表示为同一数族相应两个奇数和，如68＝9+59＝19+49＝29+39；另一种是表示为不同数族相应两个奇数和，如68＝1+67＝11+57＝21+47＝31+37＝41+27＝51+17＝61+7。

在接下来的研究中，我们取第二种方式，一是因为0氏数族的偶数如果表示为同一数族两个奇数和就只能表示为5氏数族两个奇数和，而5氏数族只有一个质数"5"，不利于探索偶数表示为两个质数和的问题；二是因为32、152分别表示为1氏数族两个奇数和的加式组合体里，没有奇质数加式。具体地说，就是将0，2，4，6，8氏数族偶数分别表示为3氏与7氏、3氏与9氏、3氏与1氏、7氏与9氏、7氏与1氏数族相应两个奇数和。

分别观察、比较式子表达式⑤⑥⑦⑧⑨中的不同加式组合体，可以得出如下的特性：

（1）0，2，4，6，8氏数族偶数分别表示为两个不同奇数数族相应两个奇数和，这两个不同奇数数族其实就是两个数族短数列，它们的长度相等，方向互为一正一反。

（2）任何一条前垂线、后斜线上的奇数分别相同；任何一条后垂线、前斜线上的奇数的集合分别是相应的奇数数族短数列。

（3）第一组垂线以后的每组垂线依次比前一组垂线降低一个数的高度。

（4）式子表达式⑤里，10除外的所有偶数分别是相应直角的顶点，这个偶数的数序值与两条直角边的长度（奇数加式个数）相等。

式子表达式⑥里，12除外的所有偶数分别是相应直角的顶点，这个偶数的数序值与两条直角边的长度（奇数加式个数）相等。

式子表达式⑦里，4除外的所有偶数分别是相应直角的顶点，这个偶数的数序值与两条直角边的长度（奇数加式个数）相等。

式子表达式⑧里，16除外的所有偶数分别是相应直角的顶点，这个偶数的数序值与两条直角边的长度（奇数加式个数）相等。

式子表达式⑨里，8除外的所有偶数分别是相应直角的顶点，这个偶数的数序值与两条直角边的长度（奇数加式个数）相等。

以上特性，分别叫作0，2，4，6，8氏数族偶数三值恒等性质。

0，2，4，6，8氏数族偶数三值恒等性质的成因有二：一是因为10，12，4，16，8除外的任何偶数所在的两条直角边上的奇数加式的后置奇数所构成的数族短数列分别是同一个数族短数列；二是因为10，12，4，16，8除外的任何偶数表示为不同数族相应两个奇数和，这两个不同奇数数族里的比相应偶数小的奇数个数分别与偶数的数序值相等，所以这个偶数的数序值一定与奇数加式的个数相等。

第二节　求证哥德巴赫猜想

将式子表达式⑤⑥⑦⑧⑨中的每一个奇数加式都用"●"表示，能够得到后面的点子图解①②③④⑤（见图3-1~图3-5）。再将点子图解①②③④⑤各图里左起第一条垂线上、上起第一条斜线上以及每条水平线上的"●"分别用虚线依次连接起来，就能够得出相应的"三角形图解"⑥⑦⑧⑨⑩（见图3-6~图3-10）。

根据0，2，4，6，8氏数族偶数三值恒等性质，可知三角图解⑥⑦⑧⑨⑩里各自所有的三角形都是等腰直角三角形。像三角形图解⑥⑦⑧⑨⑩这样依次定量增大的无穷个等腰直角三角形有序地粘连成一体的图形叫作**千重等腰直角三角形**。

千重等腰直角三角形里，左起纵向第一行"●"的连线叫作**公共垂线直角边**，简称**公垂边**，各三角形在公垂边上的直角边叫做**垂边**，水平线上各"●"的连线叫作**底边**。只有2个"●"的垂边叫做作**短垂边**，只有2个"●"的底边叫作**最短底边**。每个千重等腰直角三角形里，分别有一条最短垂边和一条最短底边。三角形图解⑥⑦⑧⑨⑩（见图3-6~图3-10）所示千重等腰直角三角形，分别简称为0，2，4，6，8氏**千重等腰直角三角形**。每个千重等腰直角三角形，依其含有三角形的个数，分别称为1，2，3，…，n重直角三角形。各个千重等腰直角三角形里的所有等腰直角三角形，都用垂边上两个角顶点的相应偶数与第一条后斜线上的那个奇数记写，例如等腰直角三角形10—30—7。

各千重等腰直角三角形里，每条底边上所有"●"相应奇数加式的前置奇数的集合是由小到大排列的，这样的数列称为**正向数族短数列**。所有后置奇数的集合是由大到小排列的，这样的数列称为**反向数族短数列**。

三角形图解⑥⑦⑧⑨⑩任意放大以后每个直角三角形还是不是等腰直角三角形呢？答案是肯定的，因为起始数分别为10，12，4，16，8，公差都是10的5个等差偶数数列的起始数分别依次增加"10"，即公共垂线直角边上增加1个"●"，而增加"10"后的偶数对应的底边也会随之增加1个"●"。

三角形图解⑥⑦⑧⑨⑩中的千重等腰直角三角形的结构是稳定的，这种网格化的图解本身就是一种求证方式，比起一一试验的方法不知要好多少倍。

任何千重等腰直角三角形里，每条合数垂线与任何一条合数斜线的交点都是合数加式，称为**A类"●"**；每条合数垂线与任何一条质数斜线的交点，及其每条合数斜线与任何一条质数垂线的交点都是合质数加式，称为**B类"●"**；每一条质数垂线与任何一条质数斜线的交点都是质数加式，称为**C类"●"**。

下面，分别分析0，2，4，6，8氏千重等腰直角三角形里所有等腰直角三角形垂边上C类"●"与相应垂线的关系，看看会有些什么发现。

（1）0氏千重等腰直角三角形公垂边上的前垂线是质数垂线"3"，后垂线是7，17，27，…的7氏数族数列。如果7氏数族短数列有 n 个质数，那么相应垂边也一定有 n 个C类"●"。于是说：0氏千重等腰直角三角形里，所有等腰直角三角形的垂边都可以看成是7氏数族短数列。

（2）2氏千重等腰直角三角形公垂边上的前垂线是质数垂线"3"，后垂线是9，19，29，…的9氏数族数列。如果9氏数族短数列有 n 个质数，那么相应垂边也一定有 n 个C类"●"。于是说：2氏千重等腰直角三角形里，所有等腰直角三角形的垂边都可以看成是9氏数族短数列。

（3）4氏千重等腰直角三角形公垂边上的前垂线是质数垂线"3"，后垂线是1，11，21，…的1氏数族数列。如果1氏数族短数列有 n 个质数，那么相应垂边也一定有 n 个C类"●"。于是说：4氏千重等腰直角三角形里，所有等腰直角三角形的垂边都可以看成是1氏数族短数列。

（4）6氏千重等腰直角三角形公垂边上的前垂线是质数垂线"7"，后垂线是9，19，29，…的9氏数族数列。如果9氏数族短数列有 n 个质数，那么相应垂边也一定有n个C类"●"。于是说：6氏千重等腰直角三角形里，所有等腰直角三角形的垂边都可以看成是9氏数族短数列。

（5）8氏千重等腰直角三角形公垂边上的前垂线是质数垂线"7"，后垂线是1，11，21，…的1氏数族数列。如果1氏数族短数列有n个质数，那么相应垂边也一定有n个C类"●"。于是说：8氏千重等腰直角三角形里，所有等腰直角三角形的垂边都可以看成是1氏数族短数列。

以上5个结论，分别简称为**0，2，4，6，8氏千重等腰直角三角形垂边与相应数族短数列等价性**。

根据上述不同千重等腰直角形的垂边与相应数族短数列等价性，能够推导出以下几个性质：

（1）0氏千重等腰直角三角形里的所有等腰直角三角形的垂边上，都没有A类"●"，一定有2个或2个以上的C类"●"，C类"●"都在质数斜线上。

（2）2氏千重等腰直角三角形里的所有等腰直角三角形的垂边上，都没有A类"●"，一定有1个或1个以上的C类"●"，C类"●"都在质数斜线上。

（3）4氏千重等腰直角三角形里的所有等腰直角三角形的垂边上，都没有A类"●"，一定有1个或1个以上的C类"●"，C类"●"都在质数斜线上。

（4）6氏千重等腰直角三角形里的所有等腰直角三角形的垂边上，都没有A类"●"，一定有1个或1个以上的C类"●"，C类"●"都在质数斜线上。

（5）8氏千重等腰直角三角形里的所有等腰直角三角形的垂边上，都没有A类"●"，一定有1个或1个以上的C类"●"，C类"●"都在质数斜线上。

如上5个性质，分别叫作**0，2，4，6，8氏千重三角形垂边性质**。

（6）0氏千重三角形里10除外的所有偶数，2氏千重三角形里12除外的所有偶数，4氏千重三角形里4除外的所有偶数，6氏千重三角形里16除外的所有偶数，8氏千重三角形里8除外的所有偶数分别有一条而且只有一条相对应的底边。

证明哥德巴赫猜想是成立的，就是要证明不同的千重等腰直角三角形里的任何等腰直角三角形的底边至少有一个C类"●"，也就是根据等腰直角三角形是轴对称图形的性质，证明垂边上若干个C类"●"的对称点中至少有一个C类"●"。

下面，根据上述原理分别证明之。

0氏千重等腰直角三角形里：

因为0氏千重等腰直角三角形里的所有等腰直角三角形的垂边上一定有2个或2个以上的C类"●"（0氏千重三角形垂边性质）。

又因为所有等腰直角三角形的底边上的正向数族短数列都是3，13，23，…。

所以所有底边上都有2个或2个以上的前置奇数是质数（3氏数族短数列基本性质）。

假设底边上为质数的前置奇数都在合数斜线上，则任何垂边上势必都没有质数斜线和C类"●"。显然，这个结论与0氏千重三角形垂边性质相矛盾。

所以，0氏千重等腰直角三角形里所有等腰直角三角形的底边一定至少有1个C类"●"。

也就是说，0氏数族里的所有偶数都可以表示为两个质数和（0氏数族偶数三值恒等性质）。

2氏千重等腰直角三角形里：

因为2氏千重等腰直角三角形里的所有等腰直角三角形的垂边上一定有1个或1个以上的C类"●"（2氏千重三角形垂边性质）。

又因为所有等腰直角三角形的底边上的正向数族短数列都是3，13，23，…。

所以所有底边上都有2个或2个以上的前置奇数是质数（3氏数族短数列基本性质）。

假设底边上为质数的前置奇数都在合数斜线上，则任何垂边上势必都没有质数斜线和C类"●"。显然，这个结论与2氏千重三角形垂边性质相矛盾。

所以，2氏千重等腰直角三角形里所有等腰直角三角形的底边一定至少有1个C类"●"。

也就是说，2氏数族里12除外的所有偶数都可以表示为两个质数和（2氏数族偶数三值恒等性质）。

4氏千重等腰直角三角形里：

因为4氏千重等腰直角三角形里的所有等腰直角三角形的垂边上一定有1个

或1个以上的C类"●"（4氏千重三角形垂边性质）。

又因为所有等腰直角三角形的底边上的正向数族短数列都是3，13，23，…。

所以所有底边上都有2个或2个以上的前置奇数是质数（3氏数族短数列基本性质）。

假设底边上为质数的前置奇数都在合数斜线上，则任何垂边上势必都没有质数斜线和C类"●"。显然，这个结论与4氏千重三角形垂边性质相矛盾。

所以，4氏千重等腰直角三角形里所有等腰直角三角形的底边一定至少有1个C类"●"。

也就是说，4氏数族里4除外的所有偶数都可以表示为两个质数和（4氏数族偶数三值恒等性质）。

6氏千重等腰直角三角形里：

因为6氏千重等腰直角三角形里的所有等腰直角三角形的垂边上一定有1个或1个以上的C类"●"（6氏千重三角形垂边性质）。

又因为所有等腰直角三角形的底边上的正向数族短数列都是7，17，27，…。

所以所有底边上都有2个或2个以上的前置奇数是质数（7氏数族短数列基本性质）。

假设底边上为质数的前置奇数都在合数斜线上，则任何垂边上势必都没有质数斜线和C类"●"。显然，这个结论与6氏千重三角形垂边性质相矛盾。

所以，6氏千重等腰直角三角形里所有等腰直角三角形的底边一定至少有1个C类"●"。

也就是说，6氏数族里6，16除外的所有偶数都可以表示为两个质数和（6氏数族偶数三值恒等性质）。

8氏千重等腰直角三角形里：

因为8氏千重等腰直角三角形里的所有等腰直角三角形的垂边上一定有1个或1个以上的C类"●"（8氏千重三角形垂边性质）。

又因为所有等腰直角三角形的底边上的正向数族短数列都是7，17，27，…。

所以所有底边上都有2个或2个以上的前置奇数是质数（7氏数族短数列基本性质）。

假设底边上这些为质数的前置奇数都在合数斜线上，则任何垂边上势必都没有质数斜线和C类"●"。显然，这个结论与8氏千重三角形垂边性质相矛盾。

所以，8氏千重等腰直角三角形里所有等腰直角三角形的底边一定至少有1个C类"●"。

也就是说，8氏数族8除外的所有偶数都可以表示为两个质数和（8氏数族偶数三值恒等性质）。

综上所述，即是12，4，6，16，8除外的所有偶数都可以表示为两个质数的和。

而12＝5+7，4＝2+2，6＝3+3，16＝3+13＝5+11，8＝3+5，于是说所有大于2的偶数都可以表示为两个质数的和。

大于2的所有偶数都可以表示为两个质数之和的"强哥德巴赫猜想"解决以后，求证所有大于7的奇数都可以表示为三个质数之和的"弱哥德巴赫猜想"也就水到渠成了。因为所有大于7的奇数都可以表示为1，3，5，7，9氏数族里100以内的某个相应质数与一个大于2的偶数的和，而所有大于2的偶数都可以表示为两个质数和，所以所有大于7的奇数都可以表示为三个质数之和。

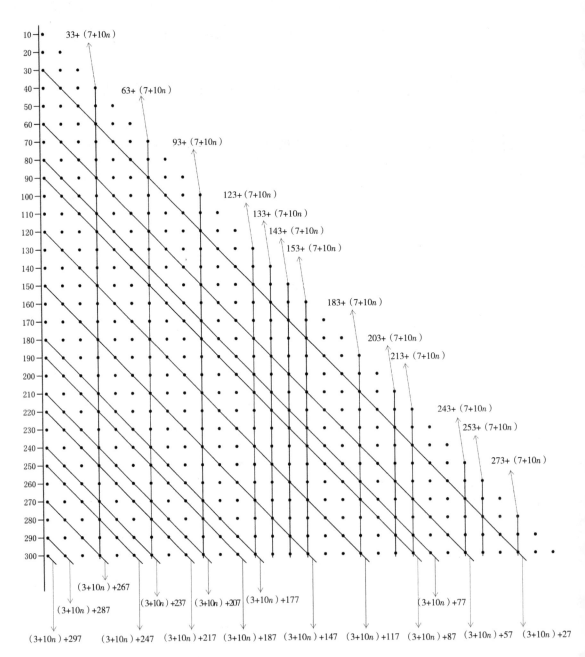

图3-1 0氏数族偶数表示为3氏与7氏数族两个质数的和点子图解①

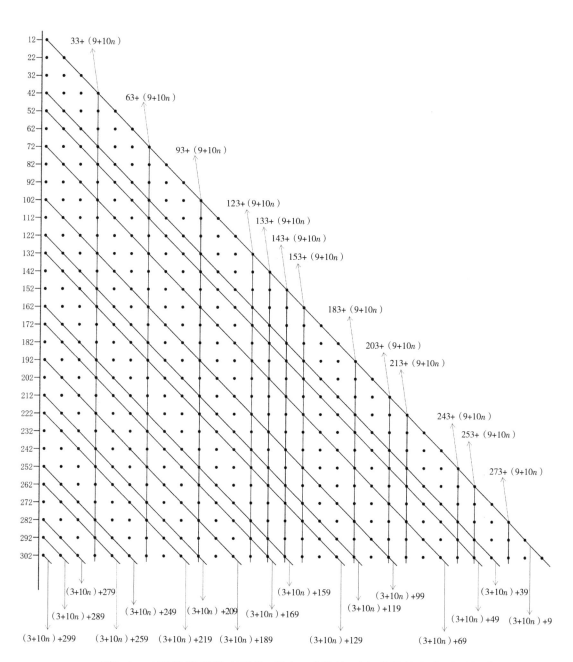

图3-2　2氏数族偶数表示为3氏与9氏数族两个质数的和点子图解②

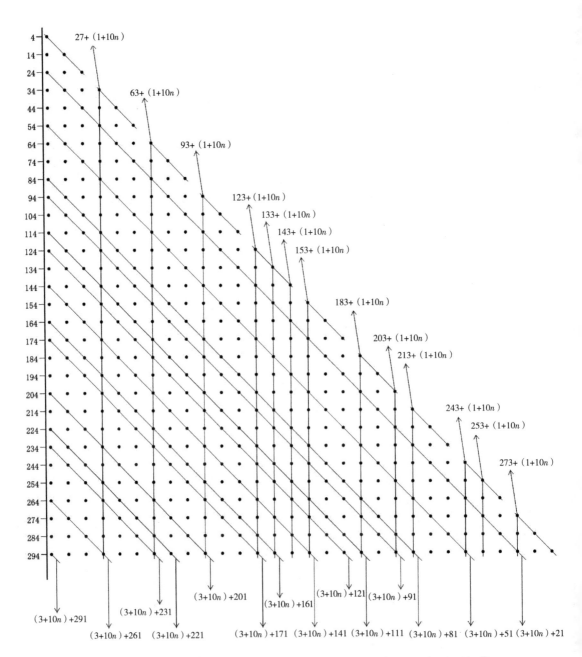

图3-3 4氏数族偶数表示为3氏与1氏数族两个质数的和点子图解③

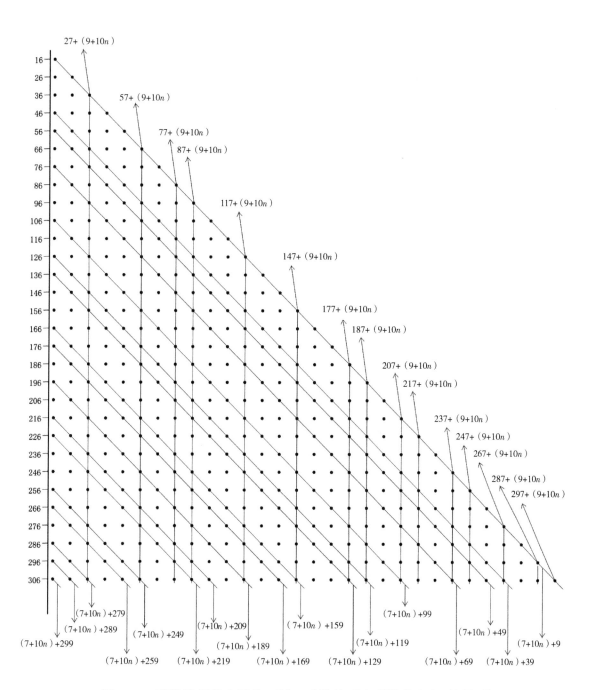

图3-4 6氏数族偶数表示为7氏与9氏数族两个质数的和点子图解④

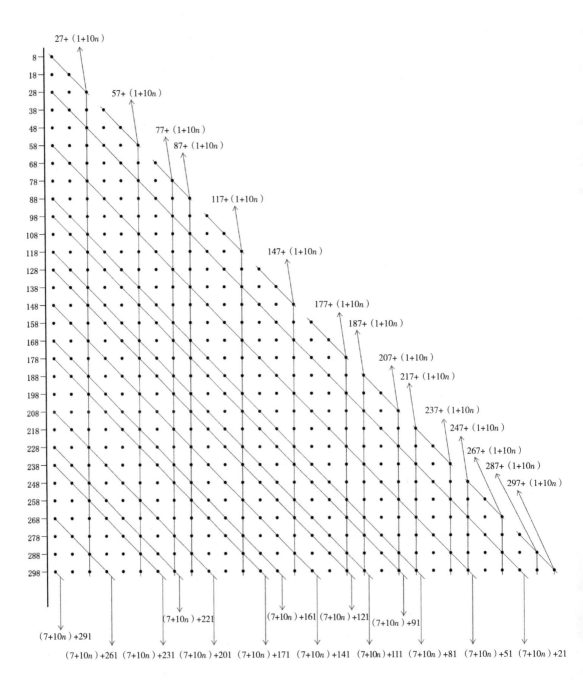

图3-5 8氏数族偶数表示为7氏与1氏数族两个质数的和点子图解⑤

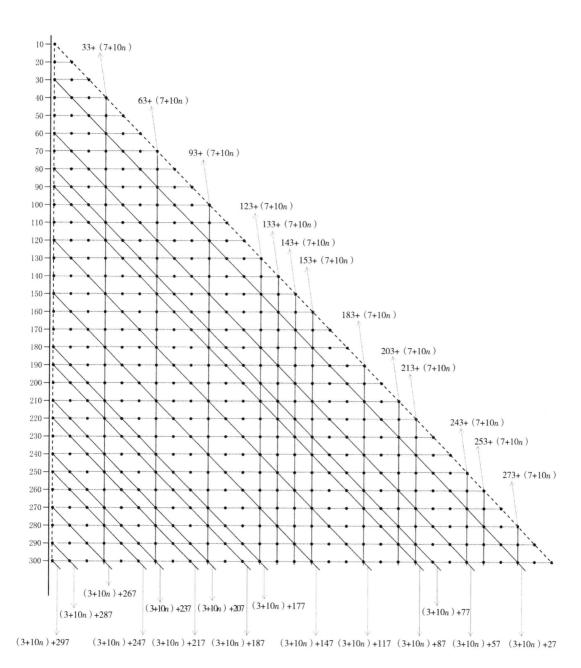

图3-6　0氏数族偶数表示为3氏与7氏数族两个质数的和三角形图解⑥

（0氏千重等腰直角三角形）

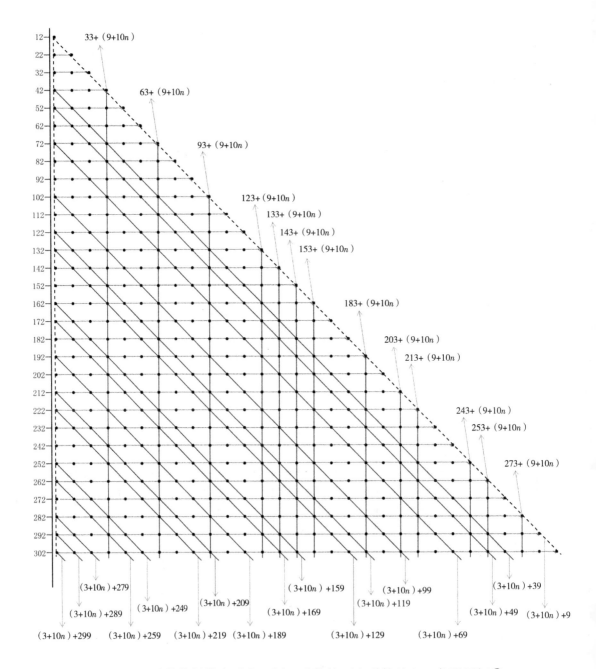

图3-7　2氏数族偶数表示为3氏与9氏数族两个质数的和三角形图解⑦

（2氏千重等腰直角三角形）

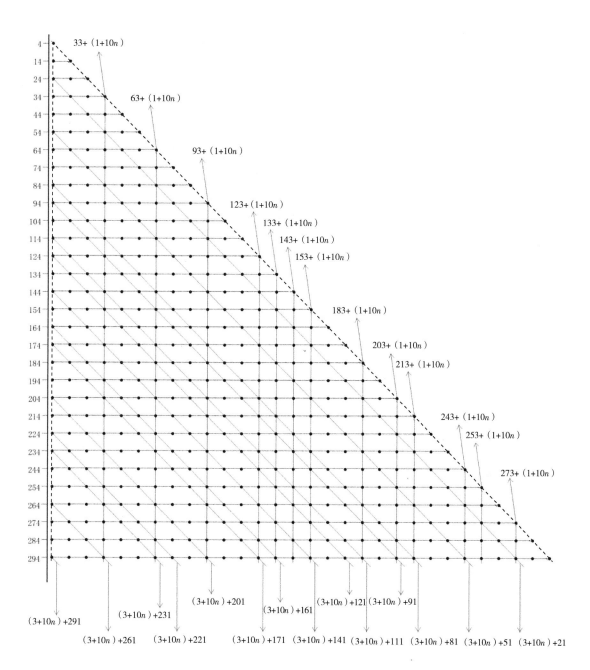

图3-8 4氏数族偶数表示为3氏与1氏数族两个质数的和三角形图解⑧

（4氏千重等腰直角三角形）

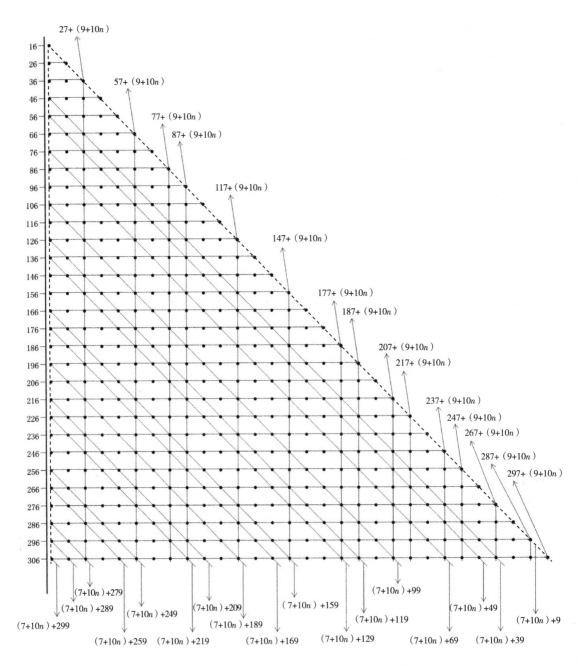

图3-9　6氏数族偶数表示为7氏与9氏数族两个质数的和三角形图解⑨

（6氏千重等腰直角三角形）

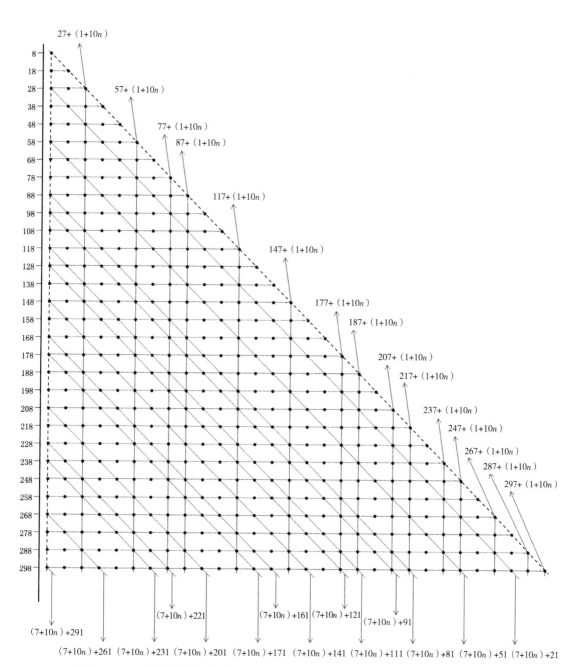

图3-10 8氏数族偶数表示为7氏与1氏数族两个质数的和三角形图解⑩

（8氏千重等腰直角三角形）